深圳市
房屋建筑工程施工图
设计文件监督抽查常见问题汇编

深圳市建设科技促进中心　编

华南理工大学出版社
SOUTH CHINA UNIVERSITY OF TECHNOLOGY PRESS
·广州·

图书在版编目（CIP）数据

深圳市房屋建筑工程施工图设计文件监督抽查常见问题汇编/深圳市建设科技促进中心编．—广州：华南理工大学出版社，2024.3

ISBN 978-7-5623-7645-3

Ⅰ．①深…　Ⅱ．①深…　Ⅲ．①建筑制图-设计审评-深圳　Ⅳ．①TU204.2

中国国家版本馆CIP数据核字（2024）第012474号

Shenzhenshi Fangwu Jianzhu Gongcheng Shigong Tu Sheji Wenjian Jiandu Choucha Changjian Wenti Huibian

深圳市房屋建筑工程施工图设计文件监督抽查常见问题汇编

深圳市建设科技促进中心　编

出 版 人：柯　宁

出版发行：华南理工大学出版社

　　　　　（广州五山华南理工大学17号楼，邮编510640）

　　　　　http：//hg.cb.scut.edu.cn　E-mail：scutc13@scut.edu.cn

　　　　　营销部电话：020-87113487　87111048（传真）

策划编辑：庄　严

责任编辑：肖　颖

责任校对：黄　勇

印 刷 者：广州市新怡印务股份有限公司

开　　本：787 mm×1092 mm　1/16　印张：5.75　字数：107千

版　　次：2024年3月第1版

印　　次：2024年3月第1次印刷

定　　价：58.00元

《深圳市房屋建筑工程施工图设计文件监督抽查常见问题汇编》

编 委 会

序　言

改革开放发展 40 余年，深圳把握历史大势，牢记初心使命，由一座落后的边陲小镇蝶变为充满魅力、动力、活力、创新力的国际化创新型城市。从经济特区到中国特色社会主义先行示范区，深圳担负着社会主义改革创新先锋的角色，正以昂首阔步的姿态，践行高质量发展要求，深入实施创新驱动发展战略，朝着建设中国特色社会主义先行示范区的方向前行。

为提升建设工程审批效率，深化"放管服"改革，优化营商环境，深圳市自 2018 年启动了"深圳 90"建设项目审批制度改革工作。按照国务院办公厅关于试点地区审批制度改革有关要求，深圳市进一步深化改革，自 2020 年 7 月 1 日起，取消房屋建筑及市政基础设施工程施工图审查，实行告知承诺制，各项行政许可均不得以施工图审查合格文件作为前置条件。

取消施工图审查，是深圳市工程建设领域的一项重大改革，也是深圳市工程建设勘察、设计行业管理体制的重大变革。取消施工图审查，进一步强化了建设单位的首要责任，勘察、设计单位的主体责任，对建设工程设计行业从业者也提出了更高的要求。经过三年多的改革历程，通过不断加强建设工程勘察、设计质量管理与监督，深圳市设计质量总体水平逐步提升，但设计质量仍有进一步提升的空间，"深圳设计"核心竞争力仍有待增强。

为进一步规范房屋建筑工程施工图设计，促进勘察设计质量提升，深圳市住房和建设局组织编写了这本《深圳市房屋建筑工程施工图设计文件监督抽查常见问题汇编》，对取消施工图审查改革以来房屋建筑工程施工图设计文件监督抽查中发现的常见问题进行总结整理，为切实提升全市建设工程设计质量和建筑品质提供指导。

建设工程设计是工程建设的灵魂，设计质量是决定工程建设质量的关键环节，事关人民群众生命财产安全，事关城市的发展和传承，也反映了城市建设的科技水平和文化水平。站在新的历史起点上，深圳要始终牢记党中央创办经济特区、支持深圳建设中国特色社会主义先行示范区的战略意图。站在改革的前沿上，建设工程设计同仁要在追求建设人与自然和谐共生的高质量建筑上下功夫，要在实现绿色、节能、低碳、健康、舒适、可持续的建筑质量道路上不断前行，对自身的责任与使命提出更高要求。

深圳这座城市的光荣与梦想，始终薪火相传，生生不息。

清华大学土木工程系教授

中国工程院院士

2024 年 2 月 26 日于清华园

前　言

2020 年 7 月 1 日起，深圳市取消了房屋建筑和市政基础设施工程施工图审查，为保障工程勘察设计质量，加强事中事后监管，住房建设主管部门组织开展勘察设计质量监督抽查工作，如今已三年有余。为了促进勘察设计质量提升，规范房屋建筑工程施工图设计，在深圳市住房和建设局指导下，深圳市建设科技促进中心对三年来房屋建筑工程勘察设计质量监督抽查发现的常见问题进行收集整理，形成了《深圳市房屋建筑工程施工图设计文件监督抽查常见问题汇编》。

本汇编着重于房屋建筑工程施工图设计中经常出现的问题，共十二个章节，包括一个基本要求，六个主要专业（建筑、结构、给排水、暖通、电气、燃气）和五个专项设计（人防设计、无障碍设计、绿色建筑、建筑节能、海绵城市）。其中，基本要求主要为施工图设计文件资料上传问题以及设计依据、设计深度方面的常见问题。另外，根据专项考核工作和日常监督抽查工作需要，本汇编分别将人防设计、无障碍设计、绿色建筑、建筑节能、海绵城市五个专项设计的常见问题独立成章。

本汇编是对过往抽查工程项目中常见问题的总结，供房屋建筑工程施工图设计时参考和借鉴。所涉及的具体规范条文以 2022 年 12 月 31 日前实施的国家规范、地方标准和政策为准，如有新规范、新标准、新政策，应及时执行。书中加粗的文字部分为强制性条文，应严格执行。

欢迎读者提出意见或建议，并向深圳市建设科技促进中心反馈（意见或建议请发送至邮箱 cjzxsgt@zjj.sz.gov.cn），以供今后修订时参考。

目 录

一、基本要求

序号	分类	设计常见问题
1	设计文件资料问题	1. 施工图设计文件版本有误。例如设计文件中注明"本图仅用作项目报建""不得用于施工"等文字，或图签中的设计阶段为"非施工图阶段"，并将此类文件上传至深圳市建设工程勘察设计管理系统（以下简称"管理系统"）。上传至管理系统的施工图设计文件应为用于现场施工的设计文件。（图1-1） **九、其他** 1. 基坑平面位置若与建筑设计有冲突，应以建筑设计图纸及总包、建设单位提供施工位置为准。基坑施工前应注意查明场地周边地下管线分布埋深情况以及周边地下构筑物分布情况，支护结构施做时应尽可能避免扰动，并避开建筑物基础。 2. 本版图纸仅用于施工招标施工，不得用于施工。 图1-1　上传至管理系统的施工图设计文件版本有误 2. 施工图设计文件不完整。例如未上传所有专业的设计文件，或未上传专业内所有子项的设计图纸，或未上传大样图、节点详图等设计文件。上传至管理系统的施工图设计文件应为全套施工图设计文件，包括图纸目录、设计说明、设计图纸、计算书、设计专篇等内容。（图1-2）

序号	图号	图 纸 名 称	图幅	首次出图日期	版 本	修改版本日期
1	A1_01	地下一层平面图	A0	2022.03.15	V1.0	
2	A1_02	半地下二层平面图	A0	2022.03.15	V1.0	
3	A1_03	半地下一层平面图	A0	2022.03.15	V1.0	
4	A1_04	首层平面图	A0	2022.03.15	V1.0	
5	A1_05	二层平面图	A0	2022.03.15	V1.0	
6	A1_06	三层平面图	A0	2022.03.15	V1.0	
7	A1_07	四层平面图	A0	2022.03.15	V1.0	
8	A1_08	五层平面图	A0	2022.03.15	V1.0	
9	A1_09	六层平面图	A0	2022.03.15	V1.0	
10	A1_10	屋顶层平面图	A0	2022.03.15	V1.0	
11	A2_01	⑲-⑪北立面图	A1+	2022.03.15	V1.0	
12	A2_02	⑪-⑲南立面图	A1+	2022.03.15	V1.0	
13	A2_03	⑲-⑭西立面图	A1+	2022.03.15	V1.0	
14	A2_04	⑲-⑭至⑲-⑭东立面图	A1+	2022.03.15	V1.0	

图1-2　上传至管理系统的施工图设计文件不完整，仅有目录中所列的图纸文件

续上表

序号	分类	设计常见问题
1	设计文件资料问题	3. 施工图设计文件未按设计子项或未按专业区分上传至管理系统。施工图设计文件应按专业、子项上传至管理系统，并设置对应的文件夹，在文件名中予以明确命名以作区分。（图1-3） 1栋/2栋/地下室/总图/共用图 JZS-01-01 1栋楼（厂房）一层平面图 JZS-01-01 2栋楼（配套）一层平面图 JZS-01-01_1栋楼（厂房）一层平面图 JZS-01-01_2栋楼（配套）一层平面图 JZS-01-01_人民防空地下室建筑施工 JZS-01-02_1栋楼（厂房）二层平面图 JZS-01-02_2栋楼（配套）二层平面图 JZS-01-02_地下二层平时平面图.pdf JZS-01-03 战时地下二层平面图.pdf JZS-01-03_1栋楼（厂房）三、四层平 JZS-01-03_2栋楼（配套）三层平面图 JZS-01-03_地下二层占时平面图.pdf 建筑全生命周期碳排放计算专篇.pdf 建筑全生命周期碳排放计算专篇.pdf 建筑全生命周期碳排放计算专篇.pdf 建筑外门窗太阳得热计算书建筑1.pdf 建筑外门窗太阳得热计算书建筑1.pdf 建筑外门窗太阳得热计算书建筑1.pdf 建筑外门窗人阳得热计算书建筑1.pdf 建筑开间外窗传热计算书建筑1.pdf 建筑开间外窗传热计算书建筑1.pdf 建筑开间外窗传热计算书建筑1.pdf 建筑开间外窗传热计算书建筑1.pdf 建筑开间窗墙比计算书建筑1.pdf 建筑开间窗墙比计算书建筑1.pdf 图1-3 上传至管理系统的图纸未按子项分别设置文件夹或不同子项的同类型技术文件命名未明确注明区分，导致辨识文件难 4. 未上传完整的技术文件。例如未在管理系统上传岩土工程详细勘察报告资料、危险性较大的分部分项工程设计说明、装配式建筑专篇、节能计算书、节能设计专篇、建筑碳排放分析报告、结构计算书、海绵城市设计文件、空调负荷计算书等。 5. 施工图设计文件或技术文件缺少设计人员签名，缺少设计单位出图章和注册执业人员签章。 6. 本专业内的设计说明内容与平面图、详图等设计图纸不一致；其他相关专业引用建筑专业的平面底图、详图与建筑专业的平面图、详图不一致。 7. 装饰装修项目、改造项目未上传设计范围内既有建筑的原始设计图纸、二次机电设备图纸及其他相关文件资料。

续上表

序号	分类	设计常见问题
2	设计依据	1. 设计依据所引用的规范版本有误，未引用现行最新版本，或前后引用的规范版本不一致。 2. 设计依据所列举的建设工程批复文件的名称、文号表述不完整或出现乱码字符。例如：××××规划许可（××××号）。（图1-4） 4．xxxxx规划局《xx市建设工程设计方案审批意见书》，x规设方字xxxxxxxxxx号； 5．xxxxx公安局消防局《建筑工程消防设计的审核意见书》，xxxxxxxxxxxx号； 6．xxxx市民防委员会办公室《xx市人防地下室建设意见征询单》，编号xxxx—xxx； 7．相关会议纪要、来往函件等； 图1-4　设计文件中的设计依据表述不完整或出现乱码字符
3	设计深度	1. 专业设计说明部分未对项目的设计范围、设计内容进行说明，"二次设计""专项设计"等设计内容的说明不明确。 2. 装饰装修项目、改造项目未明确具体的设计范围，未详细说明与原有建筑、结构和机电设备系统的关系。 3. 采用集中空调或供热的暖通施工图设计文件缺少冷热负荷计算书，或提供的冷热负荷计算书缺少围护结构相关设计内容。 4. 电气专业的配电系统图中的末端设备未注明用途及设备容量。 5. 建筑专业平面图、立面图、剖面图缺少功能房间名称、第三道尺寸线、墙身节点索引号等信息，不符合《建筑工程设计文件编制深度规定（2016年版）》（建质函〔2016〕247号）制图深度的要求。 6. 建筑设计总说明、构造做法表中未说明外墙面、内墙面的防水做法，不符合《建筑工程设计文件编制深度规定（2016年版）》（建质函〔2016〕247号）制图深度的要求。 7. 外墙轮廓复杂多变的地下室设计平面图缺少外轮廓角点定位坐标，以及未标注相关定位尺寸，不符合《建筑工程设计文件编制深度规定（2016年版）》（建质函〔2016〕247号）制图深度的要求。

二、建筑专业

序号	分类	设计常见问题
1	通用部分	1. 设计说明未明确隔声标准的设计要求，未明确项目工程建筑所处的声环境功能区。主要功能房间室内的噪声限值应符合《建筑环境通用规范》GB 55016—2021第2.1.3条建筑物外部噪声源传播至主要功能房间室内噪声限值的规定。（表2-1） 表2-1　建筑物外部噪声源传播至主要功能房间室内的噪声限值 （见下表） 注：①当建筑位于2类、3类、4类声环境功能区时，噪声限值可放宽5 dB； ②夜间噪声限值应为夜间8 h连续测得的等效声级 $L_{Aeq, 8h}$； ③当1 h等级声级 $L_{Aeq, 1h}$ 能代表整个时段噪声水平时，测量时段可为1 h。 2. 设计说明中关于室内空气污染物浓度限量不符合《建筑环境通用规范》GB 55016—2021第5.1.2条表5.1.2的要求。 3. 设计说明中安全防护设计部分缺少上人屋面、中庭等位置的防护栏杆高度的说明，或设计说明的内容与设计图纸不一致。 4. 设计说明中缺少室内和室外建筑地面防滑等级的设计要求。地面工程防滑设计应符合《建筑地面工程防滑技术规程》JGJ/T 331—2014第4.1节和第4.2节的要求。 5. 设计电梯时，如果井道下方确有人员能够到达的空间，井道下方空间的防护应符合《电梯制造与安装安全规范　第1部分：乘客电梯和载货电梯》GB/T 7588.1—2020第5.2.5.4条的要求。
2	安全防护	1. 机动车库基地的出入口应设置减速安全设施，应符合《车库建筑设计规范》JGJ 100—2015第3.1.7条的要求。（图2-1）

表2-1　建筑物外部噪声源传播至主要功能房间室内的噪声限值

房间的使用功能	噪声限值（等效声级 $L_{Aeq, T}$，dB）	
	昼间	夜间
睡眠	40	30
日常生活	40	
阅读、自学、思考	35	
教学、医疗、办公、会议	40	

续上表

序号	分类	设计常见问题
2	安全防护	图2-1 车行出入口和基地连接城市道路的出入口处设置减速安全设施的常见做法 2. 当住宅的公共出入口位于阳台、外廊及开敞楼梯平台下部时，应采取防止物体坠落伤人的安全防护措施，应符合《住宅设计规范》GB 50096—2011第6.5.2条的要求。（图2-2） 图2-2 住宅的公共出入口位于阳台下部，缺少防止物体坠落伤人的安全措施 3. 楼梯平台上部及下部过道处的净高不应小于2.0 m，梯段净高不应小于2.2 m，应符合《民用建筑设计统一标准》GB 50352—2019第6.8.6条的要求。（图2-3） 图2-3 楼梯平台板结构长度过长，导致梯段净高不足2.2 m，不符合规定

续上表

序号	分类	设计常见问题
2	安全防护	4. 托儿所、幼儿园的外廊、室内回廊、阳台等临空处的防护栏杆净高不应小于1.3 m，应符合《托儿所、幼儿园建筑设计规范》JGJ 39—2016（2019年版）第4.1.9条的要求。 5. 幼儿使用的楼梯，当楼梯井净宽度大于0.11 m时，必须采取防止幼儿攀滑措施，应符合《托儿所、幼儿园建筑设计规范》JGJ 39—2016（2019年版）第4.1.12条的要求。 6. 机动车库的人员出入口与车辆出入口应分开设置，应符合《车库建筑设计规范》JGJ 100—2015第4.2.8条的要求。（图2-4） 图2-4　机动车库的人员出入口设置在汽车坡道出入口范围内，不符合规定 7. 当宿舍的公共出入口位于阳台、外廊及开敞楼梯平台下部时，应采取防止物体坠落伤人的安全防护措施，应符合《宿舍、旅馆建筑项目规范》GB 55025—2022第3.3.7条的要求。（图2-5） 图2-5　宿舍的公共出入口位于阳台下部，缺少防止 物体坠落伤人措施的设置，不符合规定

续上表

序号	分类	设计常见问题
2	安全防护	8. 设计说明中"上人屋面和交通、商业、旅馆、医院、学校等建筑临开敞中庭的栏杆抗水平荷载>1.0 kN/m"有误,学校、宿舍建筑的防护栏杆最薄弱处承受的最小水平推力应符合《中小学校设计规范》GB 50099—2011第8.1.6条和《宿舍建筑设计规范》JGJ 36—2016第4.5.1条第4款的要求。(图2-6) 1.公共建筑有安全要求的部位应依据相应行业的有关规定,采取防护措施。 2.防护栏杆:阳台、外廊、室内回廊、内天井、上人屋面及室外楼梯等临空处应设置防护栏杆。 (1)上人屋面和交通、商业、旅馆、医院、学校等建筑临开敞中庭的栏杆防护净高度不小于 1200 mm ;抗水平荷载: >1.0 kN/m 。除了上述以外的的栏杆防护净高度不小于1050 mm ;抗水平荷载: >1.0 kN/m 。 图2-6 学校、宿舍楼梯栏杆的最小水平推力小于1.5 kN/m,不符合规定 9. 托儿所、幼儿园基地周围应设围护设施,警卫室应设在出入口处,对外应有良好视野,应符合《托儿所、幼儿园建筑设计规范》JGJ 39—2016(2019年版)第3.2.6条的要求。 10. 幼儿经常通行和安全疏散的走道不应设有台阶,当有高差时,应设置防滑坡道,其坡度不应大于1:12,应符合《托儿所、幼儿园建筑设计规范》JGJ 39—2016(2019年版)第4.1.13条的要求。(图2-7) 图2-7 幼儿经常通行和安全疏散出入口处设置台阶,不符合规定 11. 托儿所、幼儿园出入口台阶高度超过0.3 m,并侧面临空时,应设置防护设施,应符合《托儿所、幼儿园建筑设计规范》JGJ 39—2016(2019年版)第4.1.16条的要求。

续上表

序号	分类	设计常见问题
2	安全防护	12. 上人屋面和交通、商业、旅馆、医院、学校等建筑临开敞中庭的防护栏杆高度小于1.2 m，或栏杆净高未从所在建筑完成面、可踏面起算，或栏杆净高尺寸标注未按栏杆扶手顶面计算，或未标注栏杆净高的尺寸。上人屋面和临开敞中庭的防护栏杆的设置应符合《民用建筑设计统一标准》GB 50352—2019第6.7.3条的要求。（图2-8） 图2-8（a）　防护栏杆净高标注未从建筑完成面起算 图2-8（b）　玻璃栏板的净高度应算至扶手顶面，而不是玻璃栏板的顶部（摘自《15J403-1楼梯 栏杆 栏板（一）》） 13. 建筑临空外窗未设置防护设施，或未标注防护措施的净高度尺寸，以及防护设施的高度未由地面或可踏部位顶面起算，不符合《民用建筑设计统一标准》GB 50352—2019第6.11.6条的要求。 14. 当室内楼梯水平栏杆或栏板长度大于0.5 m时，其高度不应小于1.05 m，应符合《民用建筑设计统一标准》GB 50352—2019第6.8.8条的要求。（图2-9） 图2-9　楼梯平台水平栏杆长度大于0.5 m，栏杆高度小于1.05 m，不符合规定

续上表

序号	分类	设计常见问题
2	安全防护	15. 开向疏散走道及楼梯间的门扇开足后，不应影响楼梯平台的疏散宽度，并应符合《民用建筑设计统一标准》GB 50352—2019第6.11.9条第5款的要求。（图2-10） 图2-10　开向楼梯间的门扇开足后影响了平台疏散宽度，不符合规定 16. 通往车库的出入口和坡道的上方应有防坠落物设施，应符合《车库建筑设计规范》JGJ 100—2015第4.4.8条的要求。（图2-11） 图2-11　车库出入口上方缺少防坠落物设施，不符合规定 17. 建筑防护栏杆的金属构件的厚度应符合《建筑防护栏杆技术标准》JGJ/T 470—2019第4.1.5条的要求。 18. 教学用建筑物的出入口应设置无障碍设施，并应采取防止物体坠落伤人的措施，应符合《中小学校设计规范》GB 50099—2011第8.5.5条的要求。

续上表

序号	分类	设计常见问题
2	安全防护	19. 中小学校的楼梯扶手上应加装防止学生溜滑的设施，应符合《中小学校设计规范》GB 50099—2011第8.7.6条第6款的要求。 20. 在人员密集、流动性大的商业中心，交通枢纽，公共文化体育设施等场所，临近道路、广场及下部为出入口、人员通道的建筑在二层及以上安装玻璃幕墙的，幕墙下方缺少挑檐、防冲击雨篷等防护措施，不符合住房和城乡建设部、国家安全生产监督管理总局印发的《关于进一步加强玻璃幕墙安全防护工作的通知》（建标〔2015〕38号）第二（三）条的要求。
3	防水防潮	1. 种植屋面必须至少设置一道具有耐根穿刺性能的防水材料，应符合《种植屋面工程技术规程》JGJ 155—2013第5.1.7条的要求。 2. 住宅的卫生间、浴室的顶棚应设置防潮层，应符合《住宅室内防水工程技术规范》JGJ 298—2013第5.2.1条的要求。采用不同材料做防潮层时，防潮层厚度可参照表2-2。 表2-2 防潮层厚度 3. 采用水泥基渗透结晶型防水涂料时，应同时注明用量和厚度，应符合《地下工程防水技术规范》GB 50108—2008第4.4.6条的要求。（图2-12）

表2-2 防潮层厚度

材料种类		防潮层厚度 / mm
防水砂浆	掺防水剂的防水砂浆	15～20
	涂刷型聚合物水泥防水砂浆	2～3
	抹压型聚合物水泥防水砂浆	10～15
防水涂料	聚合物水泥防水涂料	1.0～1.2
	聚合物乳液防水涂料	1.0～1.2
	聚氨酯防水涂料	1.0～1.2
	水乳型沥青防水涂料	1.0～1.5
防水卷材	自粘聚合物改性沥青防水卷材 — 无胎基	1.2
	自粘聚合物改性沥青防水卷材 — 聚酯毡基	2.0
	聚乙烯丙纶复合防水卷材	卷材≥0.7（芯材≥0.5），胶结料≥1.3

续上表

序号	分类	设计常见问题
3	防水防潮	 **地下室底板（由上至下）** 1. 表面加混凝土密封固化剂 2. 100厚C30混凝土，内配ø6@150单层双向钢筋网片，设3 m×3 m分格缝，缝宽5缝深20，单组份聚氨酯（Ⅰ型）建筑密封膏填缝。表面初凝后，撒6 kg/m²的金刚砂，抹平压光（平整度控制在2 m，靠尺不超过3 mm），集水坑周围1 m范围内找坡1% 3. 1.5 kg/m²水泥基渗透结晶型防水涂料 4. 钢筋混凝土自防水混凝土底板（防水混凝土，抗渗等级详结构图纸） 5. 1.5厚TPO预铺防水卷材 6. 100厚C15混凝土，随捣随压实抹光 7. 素土分层夯实，压实系数≥0.94 图2-12 采用水泥基渗透结晶型防水涂料时未同时注明材料的用量和厚度，不符合规定 4. 地下工程应采用柔性材料在迎水面设防，应符合《深圳市建设工程防水技术标准》SJG 19—2019第8.2.6条的要求。 5. 屋顶花园、架空绿化休闲空间和机动车库的楼地面缺少排水设施，不符合《民用建筑设计统一标准》GB 50352—2019第6.14.2条和《车库建筑设计规范》JGJ 100—2015第4.4.3条的要求。 6. 屋面雨水天沟、檐沟不得跨越变形缝和防火墙，应符合《民用建筑设计统一标准》GB 50352—2019第6.14.5条第5款的要求。 7. 结构混凝土屋面板保温层上的保护层应采用不小于50 mm厚的C25配筋细石混凝土，应符合《深圳市建设工程防水技术标准》SJG 19—2019第4.3.3条的要求。 8. 种植屋面的耐根穿刺防水层上应设置保护层，地下建筑顶板种植应采用厚度不小于70 mm的细石混凝土作保护层，应符合《种植屋面工程技术规程》JGJ 155—2013第5.1.12条第3款的要求。 9. 有防水要求或邻近用水房间门口的楼地面，严禁采用干硬性水泥砂浆做找平层或地砖黏结层，应符合《深圳市建筑工程防水技术规范》SJG 19—2019第7.3.4条的要求。（图2-13）

续上表

序号	分类	设计常见问题
3	防水防潮	楼6：面砖防水楼面 | 序号	构 造 做 法
1	20～40厚M10干硬性水泥地面砂浆铺砌地砖，并勾缝。面砖规格详精装修设计
2	2厚JS高聚物水泥弹性防水涂料（Ⅱ型），分两次涂刷，沿墙柱上翻至地面完成面以上300
3	M20水泥地面砂浆找坡层，最薄20厚
4	刷界面剂一遍
5	钢筋砼板，表面清理干净	 图2-13　有防水要求的楼面采用干硬性水泥砂浆，不符合规定 10. 建筑外墙面防水层采用聚合物水泥防水涂料的应明确选用类型，应符合《深圳市建设工程防水技术标准》SJG 19—2019第6.1.6条的要求。（图2-14） 外2：涂料外墙面（打底及面层的水泥砂浆内均掺占水泥重量5%的防水剂，耐久年限不小于5年） （1）喷或滚刷涂料二遍 （2）喷或滚刷底涂料一遍 （3）1.5厚聚合物水泥防水涂料 （4）8厚聚合物水泥防水砂浆一道，压入一层网格布 （5）12厚聚合物水泥防水砂浆打底，分两次抹灰 （6）全墙铺10目钢丝网，丝径1.2 （7）纵横各扫聚合物水泥浆一遍 采用部位：女儿墙内墙、其他部位详立面 图2-14　采用聚合物水泥防水涂料时未注明Ⅱ型或Ⅲ型，不符合规定 11. 卫生间地面防水层在门口处应水平延展，应超出门槛外侧500 mm宽，应符合《深圳市建设工程防水技术标准》SJG 19—2019第7.1.6条的要求。 12. 突出墙面的腰线、檐板、窗台的向外排水坡坡度应不小于10%，应符合《深圳市建设工程防水技术标准》SJG 19—2019第6.2.4条的要求。 13. 地下建筑出地面的井道、楼梯间等与室外地坪相接位置的防水设防高度，应高出室外地坪高程500 mm以上，应符合《深圳市建设工程防水技术标准》SJG 19—2019第8.1.1条的要求。（图2-15）

续上表

序号	分类	设计常见问题
3	防水防潮	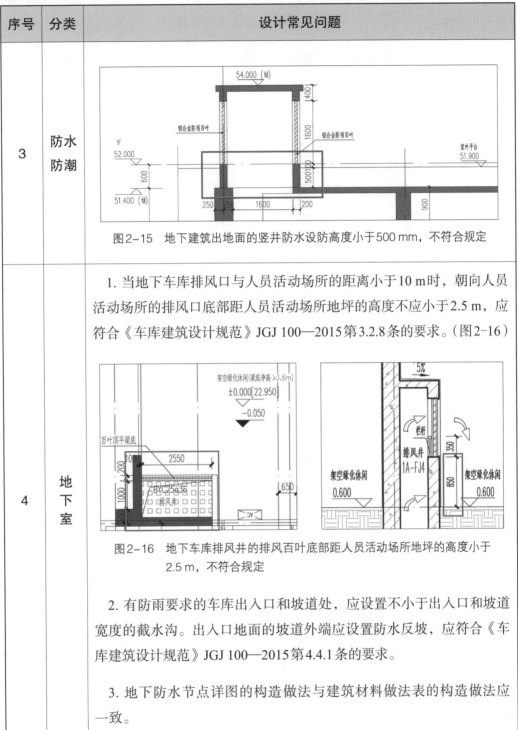图2-15　地下建筑出地面的竖井防水设防高度小于500 mm，不符合规定
4	地下室	1. 当地下车库排风口与人员活动场所的距离小于10 m时，朝向人员活动场所的排风口底部距人员活动场所地坪的高度不应小于2.5 m，应符合《车库建筑设计规范》JGJ 100—2015第3.2.8条的要求。（图2-16） 图2-16　地下车库排风井的排风百叶底部距人员活动场所地坪的高度小于2.5 m，不符合规定 2. 有防雨要求的车库出入口和坡道处，应设置不小于出入口和坡道宽度的截水沟。出入口地面的坡道外端应设置防水反坡，应符合《车库建筑设计规范》JGJ 100—2015第4.4.1条的要求。 3. 地下防水节点详图的构造做法与建筑材料做法表的构造做法应一致。

续上表

序号	分类	设计常见问题
5	装饰装修	1. 对于老年人居住建筑、托儿所、幼儿园及活动场所、建筑出入口及平台、公共走廊、电梯门厅、厨房、浴室、卫生间等易滑地面，防滑等级应不低于中高级防滑等级，应符合《建筑地面工程防滑技术规程》JGJ/T 331—2014第4.1.5条的要求。 2. 设计说明中或设计图纸中未说明空调设备吊挂方式，重物或有振动等的设备应直接吊挂在建筑承重结构上，应符合《民用建筑设计统一标准》GB 50352—2019第6.15.4条的要求。（图2-17） 图2-17　设计文件中未说明设备的吊挂方式，不符合规定。重物或有振动的设备应直接吊挂在建筑承重结构上 3. 室内隔断玻璃应注明安全玻璃的类型和厚度，并符合《建筑玻璃应用技术规程》JGJ 113—2015第7.2.2条的要求。 4. 室内饰面玻璃未明确标注采用的玻璃类型和玻璃厚度，或当室内饰面玻璃最高点离楼地面高度在3 m及3 m以上时，未使用夹层玻璃，不符合《建筑玻璃应用技术规程》JGJ 113—2015第7.2.7条的要求。 5. 装饰装修时，不应采用推拉门作为疏散门，应符合《民用建筑设计统一标准》GB 50352—2019第6.11.9条的要求。

续上表

序号	分类	设计常见问题
6	门窗幕墙	1. 屋面玻璃或雨篷玻璃必须使用夹层玻璃或夹层中空玻璃，应符合《建筑玻璃应用技术规程》JGJ 113—2015第8.2.2条的要求。 2. 幼儿出入的门应设观察窗，平开门距离楼地面1.2 m以下部分应有防止夹手设施，应符合《托儿所、幼儿园建筑设计规范》JGJ 39—2016（2019年版）第4.1.8条的要求。 3. 宿舍首层的安全出口净宽不应小于1.4 m，应符合《宿舍建筑设计规范》JGJ 36—2016第5.2.5条的要求。（图2-18） 图2-18　宿舍首层的安全出口净宽小于1.4 m，不符合规定 4. 设计说明缺少建筑外门、外窗的气密性分级设计要求。公共建筑10层及以上建筑外窗的气密性不应低于7级，应符合《公共建筑节能设计标准》GB 50189—2015第3.3.5条的要求。 5. 建筑幕墙的气密性应符合《建筑幕墙》GB/T 21086—2007第5.1.3条的规定且不应低于3级，并应符合《公共建筑节能设计标准》GB 50189—2015第3.3.6条、深圳市《公共建筑节能设计规范》SJG 44—2018第4.2.4条的要求。 6. 幕墙采用中空玻璃时，设计文件缺少相关密封材料的设计说明。中空玻璃幕墙的密封材料应符合《玻璃幕墙工程技术规范》JGJ 102—2003第3.4.3条第2款的要求。

续上表

序号	分类	设计常见问题
6	门窗幕墙	7. 安全玻璃的最大许用面积不符合《建筑玻璃应用技术规程》JGJ 113—2015第7.1.1条的要求。（图2-19） 图2-19　建筑外窗的玻璃厚度为6 mm，其玻璃面积大于3 m²，不符合规定 8. 建筑幕墙设计文件的平面图未注明主要建筑功能的平面布局、房间使用功能等与幕墙相关的信息，缺少幕墙门窗编号，缺少幕墙局部大样图和外窗有效通风面积计算书等，不符合《建筑工程设计文件编制深度规定（2016年版）》（建质函〔2016〕247号）的要求。 9. 铝合金门用主型材基材壁厚为2.0 mm，窗用主型材基材壁厚为1.4 mm，不符合《铝合金门窗》GB/T 8478—2020第5.1.2.1.2条的要求。
7	政策法规	1. 水泥砂浆应按《深圳市预拌混凝土和预拌砂浆管理规定》（深圳市政府令〔第326号〕修正）第二十五条执行，并应符合《广东省住房和城乡建设厅关于明确预拌砂浆设计标注有关问题的通知》（粤建散函〔2015〕453号）的要求。

续上表

序号	分类	设计常见问题
7	政策法规	2. 设计说明及平面图纸应说明和表达生活垃圾分类设施的设计内容，并应符合《深圳市生活垃圾分类管理条例》第九条的要求。（图2-20） 图2-20　垃圾分类收集点正确示例 3. 设计文件中选用的建筑材料、建筑构配件和设备（除有特殊要求的建筑材料、专用设备、工艺生产线等外），设计单位指定生产厂、供应商，不符合《建设工程质量管理条例》（国务院令〔第714号〕2019年4月23日修订版）第二十二条的要求。
8	其他	1. 当居室（客房）贴邻电梯井道、设备机房、公共楼梯间等有噪声或振动的房间时，应采取有效的隔声、减振、降噪措施，应符合《宿舍、旅馆建筑项目规范》GB 55025—2022第2.0.8条的要求。（图2-21） 图2-21　居室贴邻电梯井道布置，未采取有效的隔声、减振、降噪措施，不符合规定

续上表

序号	分类	设计常见问题
8	其他	2. 通廊式宿舍走道的净宽度，当双面布置居室时不应小于2.2 m，应符合《宿舍建筑设计规范》JGJ 36—2016第5.2.4条第3款的要求。 3. 化学实验室应设置急救冲洗水嘴和机械排风扇，应符合《中小学校设计规范》GB 50099—2011第5.3.8条和第5.3.9条的要求。 4. 公交首末站的站台登车面应设置隔离护栏，应符合《深圳市建筑配建公交首末站设计导则（2020年修订版）》第5.2.1.4条的要求。 5. 在人流集中的场所，女厕位与男厕位（含小便站位，下同）的比例小于2∶1，不符合《城市公共厕所设计标准》CJJ 14—2016第4.1.1条的要求。（图2-22） 图2-22　地下商场项目，女厕位与男厕位的比例为1∶1，小于2∶1，不符合规定

三、结构专业

序号	分类	设计常见问题
1	设计说明	1. 重点设防类建筑抗震等级应符合《建筑工程抗震设防分类标准》GB 50223—2008第3.0.3条第2款的要求。(图3-1) 3.0.3　各抗震设防类别建筑的抗震设防标准，应符合下列要求： 　1 标准设防类，应按本地区抗震设防烈度确定其抗震措施和地震作用，达到在遭遇高于当地抗震设防烈度的预估罕遇地震影响时不致倒塌或发生危及生命安全的严重破坏的抗震设防目标。 　2 重点设防类，应按高于本地区抗震设防烈度一度的要求加强其抗震措施；但抗震设防烈度为9度时应按比9度更高的要求采取抗震措施；地基基础的抗震措施，应符合有关规定。同时，应按本地区抗震设防烈度确定其地震作用。 图3-1　重点设防类建筑的抗震要求 2. 结构设计总说明不完善，缺少部分区域或部分构件的抗震等级、超限建筑结构抗震性能目标及结构、各类构件的抗震性能水准等。 3. 危大工程内容与项目情况不一致。 4. 当地下工程埋深较大时，防水混凝土抗渗等级应符合《深圳市建设工程防水技术标准》SJG 19—2019第8.1.2条的要求。(表3-1) 表3-1　防水混凝土抗渗等级 <table><tr><td>工程埋置深度 / m</td><td>设计抗渗等级</td></tr><tr><td>$H < 5$</td><td>P 6</td></tr><tr><td>$5 \leqslant H < 10$</td><td>P 8</td></tr><tr><td>$10 \leqslant H < 20$</td><td>P 10</td></tr><tr><td>$H \geqslant 20$</td><td>P 12</td></tr></table> 5. 结构设计总说明应及时更新有效版本的规范、规程等设计依据。 6. 装饰装修及改造工程设计说明应明确对原建筑结构的影响。
2	结构体系	1. 多层建筑结构体系的平面和竖向存在《建筑抗震设计规范》GB 50011—2010（2016年版）第3.4.3条中表3.4.3-1和表3.4.3-2所列三个或三个以上、第3.4.1条的条文说明表1的一项不规则、表3.4.3所列两个方面的基本不规则且其中有一项接近表1的不规则指标时，应按《建筑与市政工程抗震通用规范》GB 55002—2021第5.1.1条的要求进行专门研究和论证，采取特别的加强措施。(图3-2、图3-3、图3-4)

续上表

序号	分类	设计常见问题
2	结构体系	**5.1.1** 建筑设计应根据抗震概念设计的要求明确建筑形体的规则性。不规则的建筑应按规定采取加强措施；特别不规则的建筑应进行专门研究和论证，采取特别的加强措施；不应采用严重不规则的建筑方案。 图3-2 不规则建筑的结构设计要求

表 3.4.3-1 平面不规则的主要类型

不规则类型	定义和参考指标
扭转不规则	在具有偶然偏心的规定水平力作用下，楼层两端抗侧力构件弹性水平位移（或层间位移）的最大值与平均值的比值大于1.2

续表 3.4.3-1

不规则类型	定义和参考指标
凹凸不规则	平面凹进的尺寸，大于相应投影方向总尺寸的30%
楼板局部不连续	楼板的尺寸和平面刚度急剧变化，例如，有效楼板宽度小于该层楼板典型宽度的50%，或开洞面积大于该层楼面面积的30%，或较大的楼层错层

表 3.4.3-2 竖向不规则的主要类型

不规则类型	定义和参考指标
侧向刚度不规则	该层的侧向刚度小于相邻上一层的70%，或小于其上相邻三个楼层侧向刚度平均值的80%；除顶层或出屋面小建筑外，局部收进的水平向尺寸大于相邻下一层的25%
竖向抗侧力构件不连续	竖向抗侧力构件（柱、抗震墙、抗震支撑）的内力由水平转换构件（梁、桁架等）向下传递
楼层承载力突变	抗侧力结构的层间受剪承载力小于相邻上一楼层的80%

图3-3 《建筑抗震设计规范》第3.4.3条中表3.4.3-1和表3.4.3-2文件截图

表 1 特别不规则的项目举例

序	不规则类型	简要涵义
1	扭转偏大	裙房以上有较多楼层考虑偶然偏心的扭转位移比大于1.4
2	抗扭刚度弱	扭转周期比大于0.9，混合结构扭转周期比大于0.85
3	层刚度偏小	本层侧向刚度小于相邻上层的50%
4	高位转换	框支墙体的转换构件位置：7度超过5层，8度超过3层
5	厚板转换	7～9度设防的厚板转换结构
6	塔楼偏置	单塔或多塔合质心与大底盘的质心偏心距大于底盘相应边长20%
7	复杂连接	各部分层数、刚度、布置不同的错层或连体两端塔楼显著不规则的结构
8	多重复杂	同时具有转换层、加强层、错层、连体和多塔类型中的2种以上

图3-4 《建筑抗震设计规范》第3.4.1条的条文说明表1文件截图

续上表

序号	分类	设计常见问题
2	结构体系	2. 建筑的非结构构件及附属机电设备，其自身及与结构主体的连接，未进行抗震设防，不符合《建筑与市政工程抗震设计通用规范》GB 55002—2021第5.1.12条的要求。 3. 抗震设计的框架-剪力墙结构，其在规定的水平力作用下结构底层框架部分承受的地震倾覆力矩与结构总地震倾覆力矩的比值应符合《高层建筑混凝土结构技术规程》JGJ 3—2010第8.1.3条的要求。（图3-5） 8.1.3　抗震设计的框架-剪力墙结构，应根据在规定的水平力作用下结构底层框架部分承受的地震倾覆力矩与结构总地震倾覆力矩的比值，确定相应的设计方法，并应符合下列规定： 　　1　框架部分承受的地震倾覆力矩不大于结构总地震倾覆力矩的10%时，按剪力墙结构进行设计，其中的框架部分应按框架-剪力墙结构的框架进行设计； 　　2　当框架部分承受的地震倾覆力矩大于结构总地震倾覆力矩的10%但不大于50%时，按框架-剪力墙结构进行设计； 　　3　当框架部分承受的地震倾覆力矩大于结构总地震倾覆力矩的50%但不大于80%时，按框架-剪力墙结构进行设计，其最大适用高度可比框架结构适当增加，框架部分的抗震等级和轴压比限值宜按框架结构的规定采用； 　　4　当框架部分承受的地震倾覆力矩大于结构总地震倾覆力矩的80%时，按框架-剪力墙结构进行设计，但其最大适用高度宜按框架结构采用，框架部分的抗震等级和轴压比限值应按框架结构的规定采用。当结构的层间位移角不满足框架-剪力墙结构的规定时，可按本规程第3.11节的有关规定进行结构抗震性能分析和论证。 图3-5　框剪结构地震倾覆力矩的要求

续上表

序号	分类	设计常见问题
3	荷载取值	**1. 活荷载取值应符合《工程结构通用规范》GB 55001—2021第4.2.2条的要求。**例如办公楼、餐厅的厨房、非多层住宅楼梯、通风机房及电梯机房等方面。（表3-2）

表3-2　民用建筑楼面均布活荷载标准值及其组合值系数、

频遇值系数和准永久值系数（《工程结构通用规范》表4.2.2）

项次	类别		标准值（kN/m²）	组合值系数 ψ_c	频遇值系数 ψ_f	准永久值系数 ψ_q
1	（1）住宅、宿舍、旅馆、医院病房、托儿所、幼儿园		2.0	0.7	0.5	0.4
	（2）办公楼、教室、医院门诊室		2.5	0.7	0.6	0.5
2	食堂、餐厅、试验室、阅览室、会议室、一般资料档案室		3.0	0.7	0.6	0.5
3	礼堂、剧场、影院、有固定座位的看台、公共洗衣房		3.5	0.7	0.5	0.3
4	（1）商店、展览厅、车站、港口、机场大厅及其旅客等候室		4.0	0.7	0.6	0.5
	（2）无固定座位的看台		4.0	0.7	0.5	0.3
5	（1）健身房、演出舞台		4.5	0.7	0.6	0.5
	（2）运动场、舞厅		4.5	0.7	0.6	0.3
6	（1）书库、档案库、储藏室（书架高度不超过2.5m）		6.0	0.9	0.9	0.8
	（2）密集柜书库（书架高度不超过2.5m）		12.0	0.9	0.9	0.8
7	通风机房、电梯机房		8.0	0.9	0.9	0.8
8	厨房	（1）餐厅	4.0	0.7	0.7	0.7
		（2）其他	2.0	0.7	0.6	0.5
9	浴室、卫生间、盥洗室		2.5	0.7	0.6	0.5

续上表

序号	分类	设计常见问题

续表3-2

项次		类别	标准值（kN/m²）	组合值系数 ψ_c	频遇值系数 ψ_f	准永久值系数 ψ_q
10	走廊、门厅	（1）宿舍、旅馆、医院病房、托儿所、幼儿园、住宅	2.0	0.7	0.5	0.4
		（2）办公楼、餐厅、医院门诊部	3.0	0.7	0.6	0.5
		（3）教学楼及其他可能出现人员密集的情况	3.5	0.7	0.5	0.3
11	楼梯	（1）多层住宅	2.0	0.7	0.5	0.4
		（2）其他	3.5	0.7	0.5	0.3
12	阳台	（1）可能出现人员密集的情况	3.5	0.7	0.6	0.5
		（2）其他	2.5	0.7	0.6	0.5

2. 结构计算输入荷载与建筑设计不符。例如三跑或四跑楼梯的荷载在计算书中按两跑楼梯输入、覆土荷载与设计要求覆土厚度不一致等方面。

3. 厂房、研发用房的活荷载的组合值系数、频遇值系数和准永久值系数应符合《建筑结构荷载规范》GB 50009—2012第5.2.3条和《工程结构通用规范》GB 55001—2021第4.2.7条的要求。

4. 厂房、研发用房的荷载取值应符合《深圳市工业区块线管理办法》（深府规〔2018〕14号）第四章第二十九条的要求。

5. 深圳市风荷载标准值计算采用的基本风压应符合广东省《建筑结构荷载规范》DBJ/T 15-101—2022附录图E.5.3的要求。（图3-6）

续上表

序号	分类	设计常见问题
		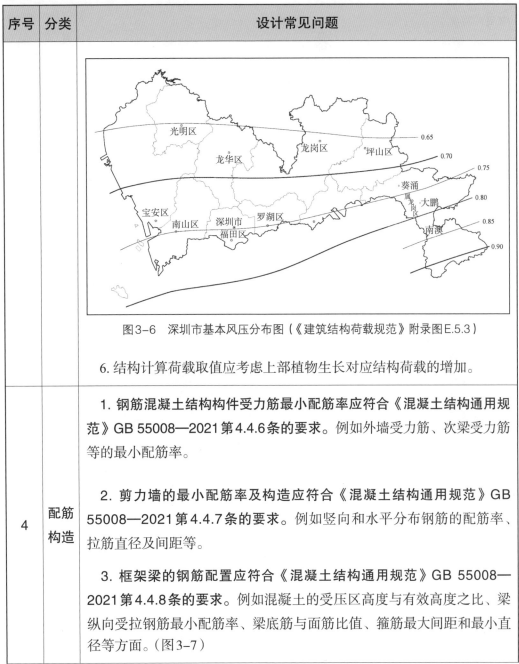 图3-6　深圳市基本风压分布图（《建筑结构荷载规范》附录图E.5.3） 6. 结构计算荷载取值应考虑上部植物生长对应结构荷载的增加。
4	配筋构造	1. 钢筋混凝土结构构件受力筋最小配筋率应符合《混凝土结构通用规范》GB 55008—2021第4.4.6条的要求。例如外墙受力筋、次梁受力筋等的最小配筋率。 2. 剪力墙的最小配筋率及构造应符合《混凝土结构通用规范》GB 55008—2021第4.4.7条的要求。例如竖向和水平分布钢筋的配筋率、拉筋直径及间距等。 3. 框架梁的钢筋配置应符合《混凝土结构通用规范》GB 55008—2021第4.4.8条的要求。例如混凝土的受压区高度与有效高度之比、梁纵向受拉钢筋最小配筋率、梁底筋与面筋比值、箍筋最大间距和最小直径等方面。（图3-7）

续上表

序号	分类	设计常见问题
4	配筋构造	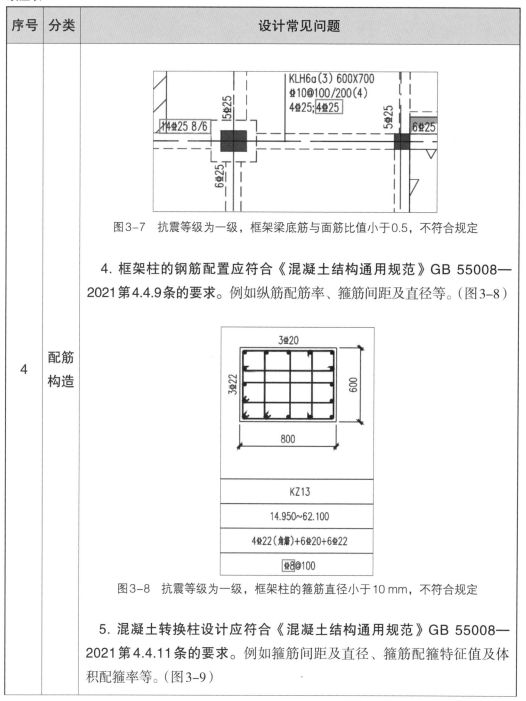

图3-7 抗震等级为一级，框架梁底筋与面筋比值小于0.5，不符合规定

4. 框架柱的钢筋配置应符合《混凝土结构通用规范》GB 55008—2021第4.4.9条的要求。例如纵筋配筋率、箍筋间距及直径等。（图3-8）

图3-8 抗震等级为一级，框架柱的箍筋直径小于10 mm，不符合规定

5. 混凝土转换柱设计应符合《混凝土结构通用规范》GB 55008—2021第4.4.11条的要求。例如箍筋间距及直径、箍筋配箍特征值及体积配箍率等。（图3-9）

续上表

序号	分类	设计常见问题
4	配筋构造	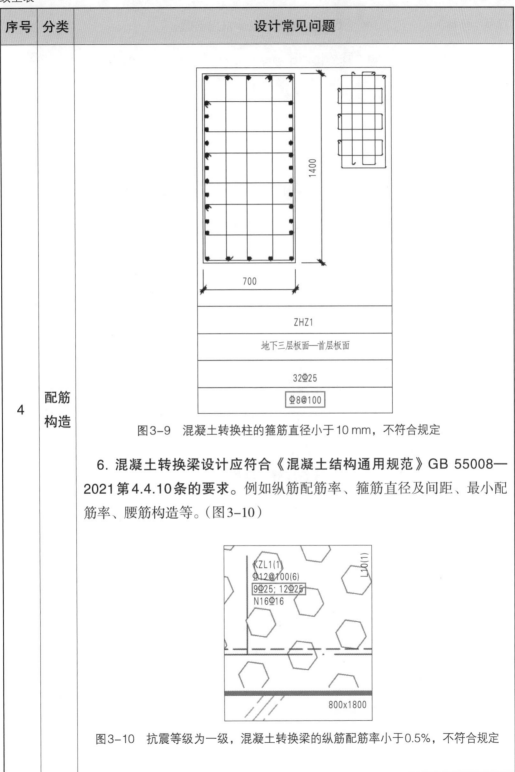 图3-9 混凝土转换柱的箍筋直径小于10 mm,不符合规定 6. 混凝土转换梁设计应符合《混凝土结构通用规范》GB 55008—2021第4.4.10条的要求。例如纵筋配筋率、箍筋直径及间距、最小配筋率、腰筋构造等。(图3-10) 图3-10 抗震等级为一级,混凝土转换梁的纵筋配筋率小于0.5%,不符合规定

续上表

序号	分类	设计常见问题
4	配筋构造	7. 梁、板、柱、墙等主要结构构件配筋不应小于计算值。 8. 框架梁的纵筋钢筋配置应符合《建筑抗震设计规范》GB 50011—2010第6.3.4条的要求。例如纵筋配筋率、通长筋截面面积等。（图3-11） 图3-11 抗震等级为二级，框架梁的面筋通长筋小于 支座筋1/4，不符合规定 9. 梁的纵向受力钢筋的间距应符合《混凝土结构设计规范》GB 50010—2010（2015年版）第9.2.1条的要求。 10. 连梁的配筋构造应符合《高层建筑混凝土结构技术规程》JGJ 3—2010第7.2.27条的要求，例如箍筋加密区范围、腰筋配筋率等方面。 11. 梁两端与剪力墙在平面内连接，跨高比小于5，未按连梁进行设计，不符合《高层建筑混凝土结构技术规程》JGJ 3—2010第7.1.3条的要求。 12. 框架柱的箍筋配置应符合《建筑抗震设计规范》GB 50011—2010（2016年版）第6.3.9条的要求。例如楼梯处、底层柱下端、一级及二级抗震角柱、柱箍筋非加密区箍筋间距等方面。 13. 剪力墙约束边缘构件、构造边缘构件的构造及配筋应符合《建筑抗震设计规范》GB 50011—2010（2016年版）第6.4.5条的要求。例如l_c长度（约束边缘构件沿墙肢的长度）、构件纵向配筋率等。（图3-12）

续上表

序号	分类	设计常见问题
4	配筋构造	图3-12　抗震等级为一级，剪力墙的约束边缘构件纵筋配筋率小于1.2%，不符合规定 14. 短肢剪力墙竖向钢筋的配筋应符合《高层建筑混凝土结构技术规程》JGJ 3—2010第7.2.2条的要求。 15. 框架梁与墙柱相连时，其面筋锚固平直段长度应符合《混凝土结构设计规范》GB 50010—2010（2015年版）第11.6.7条的要求。 16. 端柱的配筋应符合《建筑抗震设计规范》GB 50011—2010（2016年版）第6.5.1条的要求。 17. 特一级框架柱的配筋应符合《高层建筑混凝土结构技术规程》JGJ 3—2010第3.10.2条的要求。 18. 特一级框支柱的配筋应符合《高层建筑混凝土结构技术规程》JGJ 3—2010第3.10.4条的要求。 19. 特一级剪力墙、筒体墙的配筋应符合《高层建筑混凝土结构技术规程》JGJ 3—2010第3.10.5条的要求。

续上表

序号	分类	设计常见问题
4	配筋构造	20. 核心筒墙体的配筋应符合《高层建筑混凝土结构技术规程》JGJ 3—2010第9.2.2条的要求。 21. 轴心受拉及小偏心受拉杆件的纵向受力钢筋的连接方式应符合《混凝土结构设计规范》GB 50010—2010（2015年版）第8.4.2条的要求。 22. 施工图设计文件应落实超限高层建筑抗震设计可行性论证报告要求的加强措施和超限高层建筑抗震设防专项审查专家意见。
5	基础与地下室设计	**1. 筏板基础、桩筏基础底板上下贯通钢筋的配筋率应符合《建筑与市政地基基础通用规范》GB 55003—2021第6.3.5条的要求。** 2. 摩擦桩或摩擦端承桩布置最小中心距应符合广东省标准《建筑地基基础设计规范》DBJ 15-31—2016第10.1.5条的要求。 3. 灌注桩的纵筋配筋率应符合《建筑桩基技术规范》JGJ 94—2008 第4.1.1条的要求。 4. 扩展基础受力钢筋最小配筋率应符合《建筑地基基础设计规范》GB 50007—2011第8.2.1条的要求。 5. 桩基水下混凝土应符合《建筑桩基技术规范》JGJ 94—2008第6.3.27条的要求。 6. 地下室顶板作为上部结构的嵌固端时，框架柱、剪力墙纵筋应符合《建筑抗震设计规范》GB 50011—2010（2016年版）第6.1.14条的要求。例如框架柱单侧配筋地下一层与地上一层纵向配筋比值、剪力墙约束边缘构件地下一层与地上一层纵向配筋比值、顶板厚度等方面。

续上表

序号	分类	设计常见问题
6	计算文件	**1.** 结构安全等级为一级时，结构重要性系数取值为1.0，不符合《工程结构通用规范》GB 55001—2021第3.1.12条的要求。（表3-3） 表3-3　结构重要性系数γ_0（《工程结构通用规范》表3.1.12） （见下表） **2.** 结构计算书中重力荷载分项系数、水平地震力分项系数应符合《建筑与市政工程抗震通用规范》GB 55002—2021第4.3.2条的要求。 **3.** 当采用楼面等效均布活荷载方法设计墙、柱和基础时，建筑楼面活荷载标准值的折减系数应符合《工程结构通用规范》GB 55001—2021第4.2.5条的要求。（图3-13） （见下文图3-13）

表3-3　结构重要性系数 γ_0（《工程结构通用规范》表3.1.12）

结构重要性系数	对持久设计状况和短暂设计状况			对偶然设计状况和地震设计状况
	安全等级			
	一级	二级	三级	
γ_0	1.1	1.0	0.9	1.0

4.2.5 当采用楼面等效均布活荷载方法设计墙、柱和基础时，折减系数取值应符合下列规定：

1 表4.2.2中第1（1）项单层建筑楼面梁的从属面积超过25 m²时不应小于0.9，其他情况应按表4.2.5规定采用；

2 表4.2.2中第1（2）～7项应采用与其楼面梁相同的折减系数；

3 表4.2.2中第8～12项应采用与所属房屋类别相同的折减系数；

4 应根据实际情况决定是否考虑表4.2.3中的消防车荷载：对表4.2.3中的客车，对单向板楼盖不应小于0.5，对双向板楼盖和无梁楼盖不应小于0.8。

表4.2.5　活荷载按楼层的折减系数

墙、柱、基础计算截面以上的层数	2～3	4～5	6～8	9～20	>20
计算截面以上各楼层活荷载总和的折减系数	0.85	0.70	0.65	0.60	0.55

图3-13　活荷载折减系数要求

续上表

序号	分类	设计常见问题
6	计算文件	4. 缺少部分结构计算内容。例如缺少单桩承载力特征值计算、人防构件计算、桩基反力、锚杆反力、抗浮计算等。 5. 结构设计与计算书不一致。例如图纸主体结构截面与计算书不一致、结构布置和计算书不一致、抗震等级与计算书不一致、模型中无屋顶以上层等。 6. X、Y向平动振型参与质量系数小于90%，不符合《高层建筑混凝土结构技术规程》JGJ 3—2010第5.1.13条的要求。 7. 高层建筑结构未考虑重力二阶效应，不符合《高层建筑混凝土结构技术规程》JGJ 3—2010第5.4.1条的要求。 8. 高层建筑楼面活荷载大于4 kN/㎡时，计算未考虑活荷载不利布置的影响，不符合《高层建筑混凝土结构技术规程》JGJ 3—2010第5.1.8条的要求。例如研发用房、厂房等。 9. 地下室外墙、水池侧壁等裂缝计算应符合《混凝土结构设计规范》GB 50010—2010（2015年版）第3.4.5条的要求。 10. 建筑主体结构形式为框架结构，楼梯构件与主体结构整浇时，计算模型未考虑楼梯的影响，不符合《建筑抗震设计规范》GB 50011—2010（2016年版）第3.6.6条第1款和第6.1.15条的要求。 11. 结构计算应根据建筑类型合理确定工作年限或耐久性要求，采用合理的设计参数。

四、给排水专业

序号	分类	设计常见问题
1	给水	1. 生活饮用水管道与泳池循环水管道直接连接，不符合《建筑给水排水与节水通用规范》GB 55020—2021第3.1.4条的要求。（图4-1） 图4-1　生活饮用水管严禁与泳池循环水管连接 2. 室外给水管网干管不应采用枝状布置。室外给水管网干管应成环状布置，并应符合《建筑给水排水与节水通用规范》GB 55020—2021第3.2.3条的要求。 3. 消防水箱采用生活饮用水管网补水时，补水管出水口最低点与溢流边缘的空气间隙为100 mm，低于规范要求。空气间隙不应小于150 mm，并应符合《建筑给水排水与节水通用规范》GB 55020—2021第3.2.8条的要求。（图4-2） 图4-2　消防水箱补水管出水口最低点与溢流边缘的空气间隙不足

续上表

序号	分类	设计常见问题
1	给水	4. 从小区生活饮用水管道系统上单独接出消防用水管道（不含接驳室外消火栓的给水短支管）时，应在消防用水管道的起端设置倒流防止器，并应符合《建筑给水排水与节水通用规范》GB 55020—2021第3.2.9条的要求。（图4-3） 图4-3　消防用水管道起端未设置倒流防止器，不符合规定 5. 泳池平衡水箱采用生活饮用水管网补水，补水管管径为DN80，其出水口最低点与溢流水位的空气间隙为150 mm，未设置真空破坏器等防止回流污染措施。空气间隙小于补水管出口管径2.5倍时，应在补水管上设置真空破坏器等防止回流污染措施，并应符合《建筑给水排水与节水通用规范》GB 55020—2021第3.2.11条的要求。 6. 生活饮用水箱（池）应设置消毒设施，并应符合《建筑给水排水与节水通用规范》GB 55020—2021第3.3.1条的要求。 7. 酒店客房、宿舍卧室房间上层设置空气源热泵、消防增压稳压设备等，不符合《建筑给水排水与节水通用规范》GB 55020—2021第3.3.6条的要求。 8. 非亲水性的室外景观水体用水水源采用市政自来水补水，不符合《建筑给水排水与节水通用规范》GB 55020—2021第3.4.3条的要求。 9. 室外雨水口不应直接排入市政雨水管渠。室外雨水口应设置在雨水控制利用设施的末端，以溢流形式排放，并应符合《建筑给水排水与节水通用规范》GB 55020—2021第4.5.10条的要求。（图4-4）

续上表

<table>
<tr><th>序号</th><th>分类</th><th>设计常见问题</th></tr>
<tr><td>1</td><td>给水</td><td>
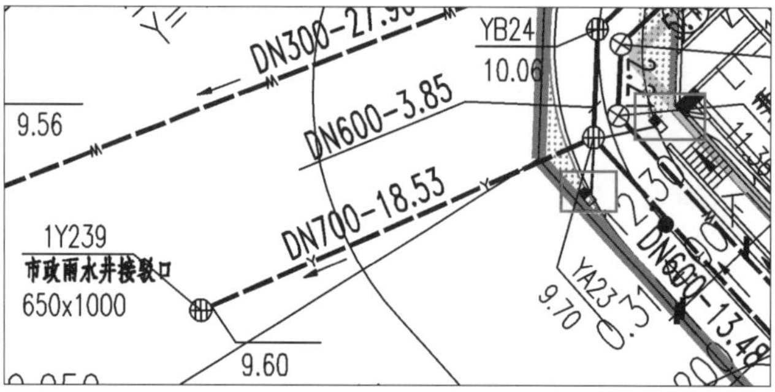

图4-4　雨水口未设置在雨水控制利用设施末端以溢流形式排放

10. 雨水蓄水池采用自来水补水，补水管口低于室外地面，暴雨积水条件下会被淹没，不符合《建筑给水排水与节水通用规范》GB 55020—2021第7.3.3条的要求。（图4-5）

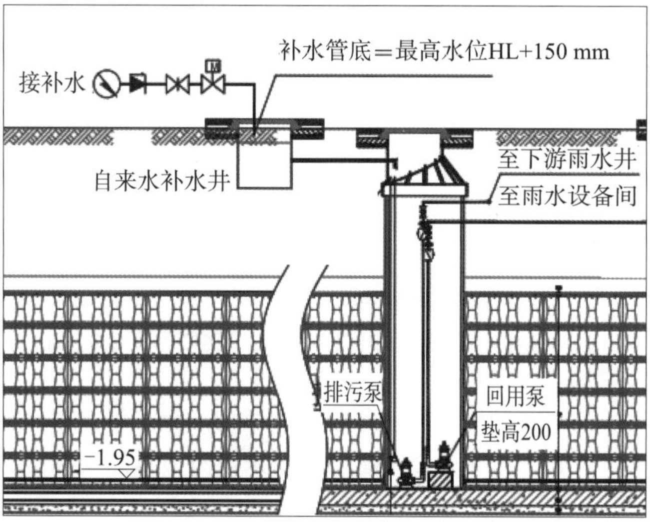

图4-5　雨水蓄水池补水管口低于室外地面，不符合规定

11. 生活泵房内生活饮用水箱与加压机组位于消防水池下方，不符合《建筑给水排水设计标准》GB 50015—2019第3.3.17条的要求。

12. 生活泵房毗邻污水处理间，不符合《建筑给水排水设计标准》GB 50015—2019第3.3.17条的要求。（图4-6）
</td></tr>
</table>

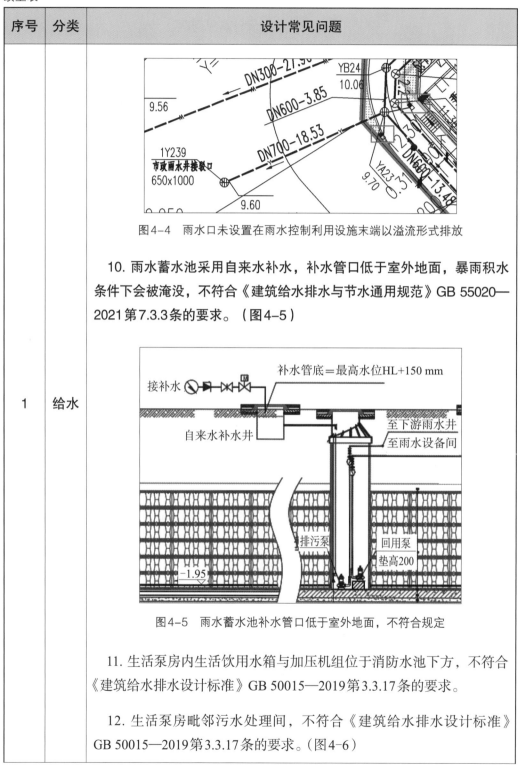

续上表

序号	分类	设计常见问题
1	给水	 图4-6　生活泵房不应毗邻污水处理间 13. 生活泵房不应与冷却塔补水泵房等合用。生活泵房应独立设置，并应符合深圳市《二次供水设施技术规程》SJG 79—2020第4.4.1条的要求。 14. 生活泵房不应与消防电梯、报警阀间等合用排水设施。生活泵房应设置独立排水设施，并应符合深圳市《二次供水设施技术规程》SJG 79—2020第4.4.8条的要求。（图4-7） 图4-7　生活泵房未设置独立排水设施，不符合规定

续上表

序号	分类	设计常见问题
1	给水	15. 生活水箱放空管管口与地面高差 0.15 m,小于规范要求。该高差应不小于 0.2 m,并应符合深圳市《二次供水设施技术规程》SJG 79—2020 第 4.7.4 条的要求。 16. 室外给水管采用钢丝网骨架复合管,不符合深圳市《二次供水设施技术规程》SJG 79—2020 第 4.9.1 条的要求。室外埋地管网管径大于或等于 100 mm 时,应采用球墨铸铁管;管径小于 100 mm 时,应采用球墨铸铁管或覆塑薄壁不锈钢管。明设管道应采用 S31603 薄壁不锈钢管。
2	排水	1. 室外检查井井盖未采取防坠落措施。室外检查井井盖应采取防坠落措施,并应符合《建筑给水排水与节水通用规范》GB 55020—2021 第 2.0.13 条的要求。 2. 排水管道穿越宿舍,不符合《建筑给水排水与节水通用规范》GB 55020—2021 第 4.3.6 条的要求。(图 4-8) 图 4-8 排水管道不得穿越宿舍 3. 化粪池未设置通气管。化粪池应设置通气管,通气管排出口设置位置应满足安全、环保要求,并应符合《建筑给水排水与节水通用规范》GB 55020—2021 第 4.4.3 条的要求。 4. 报警阀间、喷淋系统末端试水不应将水排至室外污水管网。消防排水宜排至室外雨水管网,并应符合《建筑给水排水设计标准》GB 50015—2019 第 4.2.3 条的要求。(图 4-9)

续上表

序号	分类	设计常见问题
2	排水	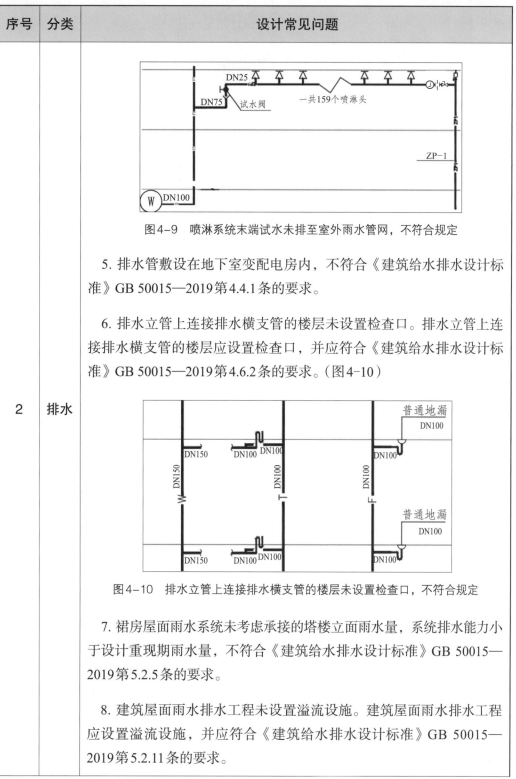 图4-9 喷淋系统末端试水未排至室外雨水管网，不符合规定 5. 排水管敷设在地下室变配电房内，不符合《建筑给水排水设计标准》GB 50015—2019第4.4.1条的要求。 6. 排水立管上连接排水横支管的楼层未设置检查口。排水立管上连接排水横支管的楼层应设置检查口，并应符合《建筑给水排水设计标准》GB 50015—2019第4.6.2条的要求。（图4-10） 图4-10 排水立管上连接排水横支管的楼层未设置检查口，不符合规定 7. 裙房屋面雨水系统未考虑承接的塔楼立面雨水量，系统排水能力小于设计重现期雨水量，不符合《建筑给水排水设计标准》GB 50015—2019第5.2.5条的要求。 8. 建筑屋面雨水排水工程未设置溢流设施。建筑屋面雨水排水工程应设置溢流设施，并应符合《建筑给水排水设计标准》GB 50015—2019第5.2.11条的要求。

续上表

序号	分类	设计常见问题
3	其他	1. 地下室雨水调蓄池设有溢流管通向雨水回用机房，回用机房集水坑提升泵未采用双路电源。提升泵应采用双路电源，并应符合《建筑与小区雨水控制及利用工程技术规范》GB 50400—2016第7.2.5条的要求。 2. 地下室采用自然溢流的密闭雨水蓄水池设有通向室内的开口、孔洞，不符合《建筑与小区雨水控制及利用工程技术规范》GB 50400—2016第7.2.5条的要求。

五、暖通专业

序号	分类	设计常见问题
1	通风与空调	1. 室内设计参数应提供噪声要求，且噪声要求应符合《建筑环境通用规范》GB 55016—2021第2.1.4条的要求。（图5-1）

房间名称	夏季		冬季		新风量/(m³/h·人)	人员密度/(m²/人)	噪声/dB	备注
	温度/℃	相对湿度/%	温度/℃	相对湿度/%				
大堂	27	≤60	--	--	10	8	45	
电梯厅	27	≤60	--	--	10	10	45	
客餐厅	26	≤60	20	--	0.45~0.7次/h	2人/间	45	
卧室	26	≤60	20	--	0.45~0.7次/h	按卧室总人数	45	

图5-1　客餐厅、卧室噪声限值偏大

2. 事故通风系统缺少对其检测报警及控制系统的说明，未明确其手动控制装置的设置要求，且电气专业设计文件中未表达相关内容，不符合《民用建筑供暖通风与空气调节设计规范》GB 50736—2012第6.3.9条第2款的要求。

3. 变配电房等采用气体灭火的房间应设置事故后排风系统，排风口设置在下部并直通室外，并应符合《气体灭火系统设计规范》GB 50370—2005第6.0.4条的要求。

4. 制冷机房缺少事故通风系统。制冷机房应设置事故通风系统，应符合《民用建筑供暖通风与空气调节设计规范》GB 50736—2012第6.3.7条第2款的要求。

5. 公共厨房使用燃气的区域应设置事故通风系统，应符合《民用建筑供暖通风与空气调节设计规范》GB 50736—2012第6.3.9条第1款的要求。

6. 事故排风的室外排风口布置在人员经常停留或经常通行的地点以及邻近窗户、天窗、室门等设施的位置，不符合《民用建筑供暖通风与空气调节设计规范》GB 50736—2012第6.3.9条第6款（1）的要求。

7. 事故通风排风口与机械送风系统进风口的距离应符合《民用建筑供暖通风与空气调节设计规范》GB 50736—2012第6.3.9条第6款（2）的要求。

续上表

序号	分类	设计常见问题
1	通风与空调	8. 在厨房、电气设备用房等区域，用于事故通风或事故后通风的排风机应注明用途。 9. 排除或输送有燃烧或爆炸危险物质的通风设备和风管应采取防静电接地措施，应符合《民用建筑供暖通风与空气调节设计规范》GB 50736—2012第6.5.9条的要求。 10. 设备用房应具备良好的通风条件，应符合《民用建筑供暖通风与空气调节设计规范》GB 50736—2012第6.3.7条的要求。 11. 物业管理用房等办公用房应具备良好的通风条件，应符合《办公建筑设计标准》JGJ/T 67—2019第6.1.3条的要求。 12. 公共卫生间未设机械排风系统。公共卫生间应设机械排风系统，应符合《民用建筑供暖通风与空气调节设计规范》GB 50736—2012第6.3.6条的要求。（图5-2） 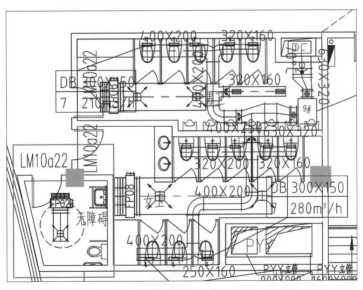 图5-2　无障碍卫生间缺少机械排风系统，不符合规定 13. 垃圾房、污水提升泵房、隔油池机房的排风应设置除臭净化措施，应符合《民用建筑供暖通风与空气调节设计规范》GB 50736—2012第6.1.2条的要求。

续上表

序号	分类	设计常见问题
1	通风与空调	14. 商业厨房的油烟应经过净化设施处理后排放，其油烟最高允许排放浓度和油烟净化设备最低去除效率、非甲烷总烃（NMHC）最高允许排放浓度(仅限大型规模的饮食业单位)和臭气浓度限值应符合深圳市《饮食业油烟排放控制规范》SZDB/Z 254—2017第5.1条、第5.2条的要求。 15. 厨房油烟排放口的设置位置应符合《饮食业环境保护技术规范》HJ 554—2010第6.2.2条、第6.2.3条的要求。 16. 排油烟水平管应对风管坡度及排液装置的设置作出要求，应符合《民用建筑供暖通风与空气调节设计规范》GB 50736—2012第6.6.17条的要求。 17. 制冷机房未预留安装孔、洞及运输通道，不符合《民用建筑供暖通风与空气调节设计规范》GB 50736—2012第8.10.1第4款的要求。 18. 应完善制冷机组制冷剂安全阀泄压管的接管设计，应符合《民用建筑供暖通风与空气调节设计规范》GB 50736—2012第8.10.1条第5款的要求。 19. 新风进风口处应设置能严密关闭的阀门，应符合《民用建筑供暖通风与空气调节设计规范》GB 50736—2012第7.3.21条的要求。 20. 空调系统的新风和回风应经过过滤处理，应符合《民用建筑供暖通风与空气调节设计规范》GB 50736—2012第7.5.9条的要求。

六、电气专业

序号	分类	设计常见问题
1	供配电系统	1. 柴油发电机房储油间应具备储油量低位报警或显示的功能，应符合《建筑电气与智能化通用规范》GB 55024—2022第4.1.5条第3款的要求。 2. 配电线路的保护电器额定电流小于该回路计算电流，不符合《低压配电设计规范》GB 50054—2011第6.3.3条的要求。（图6-1） 图6-1　配电线路的保护电器额定电流小于该回路计算电流，不符合规定 3. 配电箱回路中线缆截面选型偏小，且与其保护开关选型不匹配，不符合《低压配电设计规范》GB 50054—2011第6.3.3条的要求。（图6-2） 图6-2　配电线缆截面选型偏小，与其保护开关选型不匹配，不符合规定 4. 远方控制的电动机应设置就地控制和解除远方控制的措施，应符合《通用用电设备配电设计规范》GB 50055—2011第2.5.4条的要求。

续上表

序号	分类	设计常见问题
2	电气设备用房	1. 当变电所的配电室、电容器室长度大于7 m时，应至少设置两个出入口，应符合《建筑电气与智能化通用规范》GB 55024—2022第3.2.1条和《20 kV及以下变电所设计规范》GB 50053—2013第6.2.6条的要求。 2. 变电所设置在厨房等易积水场所的正下方，不符合《20 kV及以下变电所设计规范》GB 50053—2013第2.0.1条的要求。 3. 变电所内成排设置的配电柜，其柜前和柜后的通道净宽尺寸应明确标注，并应符合《民用建筑电气设计标准》GB 51348—2019第4.7.4条的要求。 4. 消防控制室、弱电设备间等机房与潮湿场所贴邻布置，不符合《智能建筑设计标准》GB 50314—2015中第4.7.2条第8款的要求。（图6-3） 图6-3　消防控制室与潮湿场所贴邻，不符合规定
3	电气照明	1. 幼儿园的紫外线杀菌灯的控制装置应单独设置，并应采取防误开措施，应符合《托儿所、幼儿园建筑设计规范》JGJ 39—2016（2019年版）第6.3.3条的要求。 2. 照明设计中应说明主要场所的照度、功率密度值的设计要求和设计值，并符合《建筑照明设计标准》GB 50034—2013和《建筑节能与可再生能源利用通用规范》GB 55015—2021的相关要求。

续上表

序号	分类	设计常见问题
3	电气照明	3. 电梯井道内应设置照明，当采用220 V光源时，供电回路应设剩余电流动作保护器，应符合《民用建筑电气设计标准》GB 51348—2019中第9.3.6条的要求。（图6-4） 图6-4　电梯井道内照明采用220 V光源时，供电回路未设剩余电流动作保护器，不符合规定
4	防雷与接地	1. 变压器低压侧的配电屏上选用的电涌保护器应注明试验级别及相关参数取值，应符合《建筑物防雷设计规范》GB 50057—2010第4.3.8条第5款的要求。 2. 第二类防雷建筑物的屋面接闪网格大于10 m×10 m或12 m×8 m，不符合《建筑电气与智能化通用规范》GB 55024—2022第7.1.3条第1款和《建筑物防雷设计规范》GB 50057—2010第4.3.1条的要求。 3. 高度超过250 m或雷击次数大于0.42次/a的第二类防雷建筑物的屋面接闪网格大于5 m×5 m或6 m×4 m，不符合《建筑电气与智能化通用规范》GB 55024—2022第7.1.4条第1款的要求。 4. 高度超过250 m或雷击次数大于0.42次/a的第二类防雷建筑物的雷电防护专用引下线的间距大于12 m，不符合《建筑电气与智能化通用规范》GB 55024—2022第7.1.4条第2款的要求。

续上表

序号	分类	设计常见问题
4	防雷与接地	5. 室外金属电动门应设置辅助等电位联结，应符合《建筑电气与智能化通用规范》GB 55024—2022第4.6.10条第2款的要求。 6. 建筑内带洗浴的卫生间应设置辅助等电位联结作为附加防护，应符合《建筑电气与智能化通用规范》GB 55024—2022第4.6.6条和《民用建筑电气设计标准》GB 51348—2019第12.10.4条的要求。
5	智能化系统	1. 出入口控制系统、停车库（场）管理系统应能接收消防联动控制信号，并应具有解除门禁控制的功能，须符合《建筑电气与智能化通用规范》GB 55024—2022第5.3.6条和《民用建筑电气设计标准》GB 51348—2019第14.4.3条的要求。 2. 幼儿园的厨房、楼梯间、建筑物出入口等处应设置视频安防监控系统，应符合《托儿所、幼儿园建筑设计规范》JGJ 39—2016（2019年版）第6.3.7条的要求。

七、燃气专业

序号	分类	设计常见问题
1	燃气设计	1. 燃气管道穿过建（构）筑物的墙体或基础时未设置套管，或穿管与套管之间的间隙未采用柔性防腐、防水材料密封，不符合《建筑与市政工程抗震通用规范》GB 55002—2021第6.2.9条第1款的要求。 2. 高层建筑敷设燃气管道未设管道支撑或管道变形补偿的措施，不符合《燃气工程项目规范》GB 55009—2021第5.3.8条的要求。 3. 高层建筑的燃气立管未设置补偿器和固定支架，或设置不完整，不符合《城镇燃气设计规范》GB 50028—2006（2020年版）第10.2.28条、第10.2.29条的要求。 4. 沿建筑物外墙的燃气管道与卧室等不应敷设燃气管道的房间外窗的距离过近，不符合《城镇燃气设计规范》GB 50028—2006（2020年版）第6.3.15条第2款的要求。 5. 沿建筑物外墙的燃气管道与加压送风、消防补风、新风等取风百叶的距离过近，不符合《城镇燃气设计规范》GB 50028—2006（2020年版）第6.3.15条第2款的要求。（图7-1） 图7-1 低压燃气管道与加压机房进风百叶的净距小于0.3 m，不符合规定 6. 燃气管敷设在壁柜内时应加设钢套管，应符合《城镇燃气设计规范》GB 50028—2006（2020年版）第10.2.30条的要求。 7. 调压箱的位置应符合《城镇燃气设计规范》GB 50028—2006（2020年版）第6.6.4条的要求。 8. 上人屋面处敷设的燃气管应加设踏步保护措施。

八、人防设计

序号	分类	设计常见问题
1	建筑专业	1. 核5级防护单元的战时主要出入口应设在室外出入口，应符合《人民防空地下室设计规范》GB 50038—2005第3.3.1条的要求。 2. 密闭通道未设置防护密闭门，不符合《人民防空地下室设计规范》GB 50038—2005第3.3.6条的要求。 3. 因条件限制（主要指地下室已占满红线时）无法设置室外出入口的核6级、核6B级甲类防空地下室，其主要出入口的设置应符合《人民防空地下室设计规范》GB 50038—2005第3.3.2条第2款的要求。 4. 防空地下室的临空墙为非钢筋混凝土墙，不符合《人民防空地下室设计规范》GB 50038—2005第1.0.4条和第3.3.13条的要求。 5. 甲类防空地下室外墙顶部的最小防护距离应符合《人民防空地下室设计规范》GB 50038—2005第3.2.4条的要求。 6. 在多层防空地下室中，当上下相邻两楼层被划分为两个防护单元时，其连通口的设置应符合《人民防空地下室设计规范》GB 50038—2005第3.2.12条的要求。 7. 密闭通道密闭门外侧设有台阶的，不应影响密闭门的开启和出入口通道的通行，应符合《人民防空地下室设计规范》GB 50038—2005第3.3.5条的要求。 8. 建筑面积大于2000 m^2 物资库的物资进出口门洞净宽不应小于2 m，应符合《人民防空地下室设计规范》GB 50038—2005第3.3.5条第2款的要求。 9. 当防护密闭门设置于竖井内时，其门扇的外表面不得突出竖井的内墙面，应符合《人民防空地下室设计规范》GB 50038—2005第3.3.17条第3款的要求。（图8-1）

续上表

序号	分类	设计常见问题
1	建筑专业	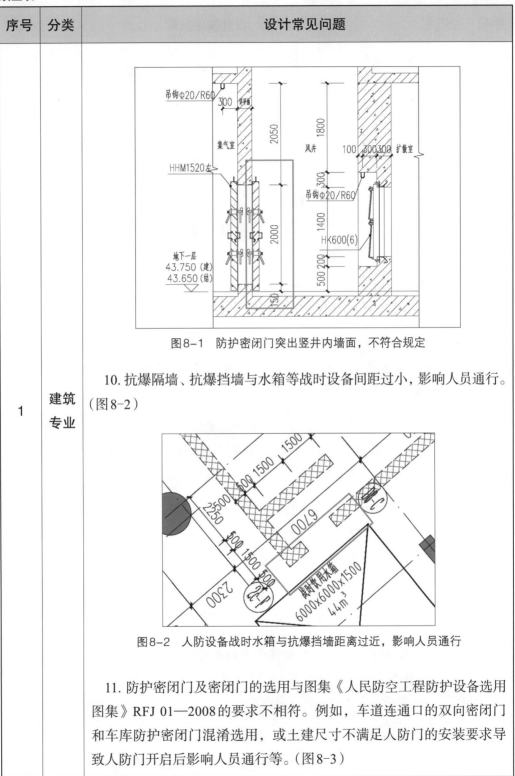

图8-1 防护密闭门突出竖井内墙面，不符合规定

10. 抗爆隔墙、抗爆挡墙与水箱等战时设备间距过小，影响人员通行。（图8-2）

图8-2 人防设备战时水箱与抗爆挡墙距离过近，影响人员通行

11. 防护密闭门及密闭门的选用与图集《人民防空工程防护设备选用图集》RFJ 01—2008的要求不相符。例如，车道连通口的双向密闭门和车库防护密闭门混淆选用，或土建尺寸不满足人防门的安装要求导致人防门开启后影响人员通行等。（图8-3）

续上表

序号	分类	设计常见问题
1	建筑专业	图8-3 人防单元车道连通口处人防门选型错误 12. 两相邻防护单元之间未设置连通口，或连通口的防护密闭门设置不符合《人民防空地下室设计规范》GB 50038—2005第3.2.10条的要求。 13. 当竖井设在地面建筑倒塌范围以内时，其高出室外地平面部分应采取防倒塌措施，应符合《人民防空地下室设计规范》GB 50038—2005第3.3.19条的要求。 14. 主要出入口临战转换防倒塌棚架未注明"预埋件、预留孔（槽）等应在工程施工中一次就位"的要求，不符合《人民防空地下室设计规范》GB 50038—2005第3.7.1条第3款的要求。 15. 专供平时使用的出入口，临战时应采取封堵措施，并符合《人民防空地下室设计规范》GB 50038—2005第3.7.5条的要求。
2	结构专业	**1. 钢筋混凝土结构构件受力筋应符合《人民防空地下室设计规范》GB 50038—2005第4.11.7条的要求。**例如人防墙、人防门框墙、人防顶板、塔楼墙兼做人防墙等的受力筋。 2. 防空地下室临空墙、门框墙等结构构件的厚度应符合《人民防空地下室设计规范》GB 50038—2005第4.11.3条的要求。

续上表

序号	分类	设计常见问题
3	给排水专业	1. 防空地下室主要出入口防护密闭门以外的通道缺少洗消排水设施，不符合《人民防空地下室设计规范》GB 50038—2005第6.4.5条的要求。（图8-4） 图8-4　主要出入口防护密闭门以外的通道缺少洗消排水设施 2. 防空地下室主要出入口的扩散室排水进入防毒通道兼简易洗消间的集水坑，影响正常洗消和防毒操作。（图8-5） 图8-5　扩散室排水不应进入防毒通道兼简易洗消间的集水坑

续上表

序号	分类	设计常见问题
4	暖通专业	*(详见下方内容)*

1. 油网过滤器、过滤吸收器等防护设备的总额定风量小于计算新风量,不符合《人民防空地下室设计规范》GB 50038—2005第5.3.3条第1款的要求。(图8-6)

a. 战时风量计算

防护单元	通风方式	清洁区面积/m²	掩蔽面积/m²	掩蔽人数/人	新风量标准/（m³/h·人）	新风量/（m³/h）	防毒通道换气次数	隔绝防护通风时间
第一防护单元	清洁式通风	1749.95	1196.39	1197	5.1	6104.7	54次/h>40次/h	4h>3h
	滤毒式通风				2.05	2454		
第二防护单元	清洁式通风	1199.59	855.67	856	5.1	4366	42次/h>40次/h	4h>3h
	滤毒式通风				2.1	1798		

b. 第一防护单元设备表

2	油网过滤器	LWP-X 每块风量$L=1600\ m^3/h$ 终阻力86.2 Pa	块	2	平时安装
3	过滤吸收器	RFP-1000型 $L=1000\ m^3/h$ 阻力≤700 Pa	台	4	平时安装 （临战启封）

图8-6　油网过滤器单块设备的额定风量乘以块数小于清洁通风计算新风量,
不符合规定

2. 与扩散室相连接的通风管位置不符合《人民防空地下室设计规范》GB 50038—2005第3.4.7条第2款的要求。(图8-7)

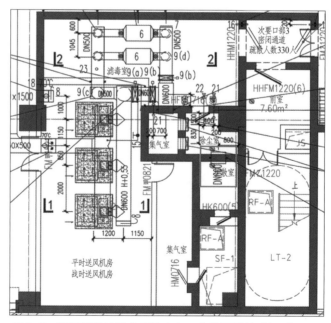

图8-7　通风管从扩散室后墙穿入,未将通风管端部引至1/3
扩散室净长处且未设置向下弯头,不符合规定

续上表

序号	分类	设计常见问题
		3. 防化通信值班室应设置测压装置，应符合《人民防空地下室设计规范》GB 50038—2005第5.2.17条的要求。
5	电气专业	1. 各人员出入口和连通口的防护密闭门门框墙、密闭门门框墙上未预埋备用管，不符合《人民防空地下室设计规范》GB 50038—2005第7.4.5条的要求。 2. 电气管线直接穿过防护密闭隔墙或密闭隔墙时，未进行防护密闭或密闭处理，且未选用管壁厚度不小于2.5 mm的热镀锌钢管做保护管，不符合《人民防空地下室设计规范》GB 50038—2005第7.4.3条的要求。

九、无障碍设计

序号	分类	设计常见问题
1	建筑专业	1. 无障碍通行设施的地面铺装未采用防滑材料,不符合《建筑与市政工程无障碍通用规范》GB 55019—2021第2.1.4条的要求。 2. 无障碍出入口的平坡坡度大于1:20,不符合《建筑与市政工程无障碍通用规范》GB 55019—2021第2.4.1条第1款的要求。(图9-1) 图9-1 幼儿园主要出入口的无障碍平坡坡度大于1:20,不符合规定 3. 无障碍出入口的上方缺少雨篷,不符合《建筑与市政工程无障碍通用规范》GB 55019—2021第2.4.2条的要求。 4. 满足无障碍要求的门设有门槛,或门口高差大于15 mm,且未以斜面过渡,不符合《建筑与市政工程无障碍通用规范》GB 55019—2021第2.5.3条的要求。(图9-2) 图9-2 电梯厅出口处的无障碍门设有门槛,且高差大于15 mm

续上表

序号	分类	设计常见问题
1	建筑专业	5. 应将通行方便、路线短的停车位设为无障碍机动车停车位，并应符合《建筑与市政工程无障碍通用规范》GB 55019—2021第2.9.1条的要求。 6. 无障碍机动车停车位的数量设置不符合《建筑与市政工程无障碍通用规范》GB 55019—2021第2.9.5条的要求。 7. 无障碍厕位采用向内开启的平开门时，未在开启后厕位内留有直径不小于1.5 m的轮椅回转空间，不符合《建筑与市政工程无障碍通用规范》GB 55019—2021第3.2.2条第2款的要求。 8. 公共建筑缺少满足无障碍要求的公共卫生间（厕所），不符合《建筑与市政工程无障碍通用规范》GB 55019—2021第3.2.4条的要求。 9. 宿舍建筑未设置无障碍居室，不符合《宿舍、旅馆建筑项目规范》GB 55025—2022第3.1.4条的要求。 10. 无障碍通道未连续，或在车位停车后被完全阻挡，供轮椅通行的走道和通道净宽小于1.2 m。无障碍通道的通行净宽不应小于1.2 m，人员密集的公共场所的通道净宽不应小于1.8 m，应符合《建筑与市政工程无障碍通用规范》GB 55019—2021第2.2.2条和《无障碍设计规范》GB 50763—2012第3.5.2条的要求。（图9-3） 图9-3　无障碍通道被机动车停车位阻挡，导致无障碍通道不连续

续上表

序号	分类	设计常见问题
1	建筑专业	11. 公共厕所、无障碍厕所的入口和通道应方便乘轮椅者进入和进行回转，回转直径不应小于1.5 m，应符合《无障碍设计规范》GB 50763—2012第3.9.1条第2款的要求。（图9-4） 图9-4　公共厕所、无障碍厕所的入口和通道的轮椅回转直径小于1.5 m，不符合规定 12. 无障碍住宅、居室内的通道非无障碍通道，不符合《无障碍设计规范》GB 50763—2012第3.12.2条的要求。 13. 居住建筑缺少无障碍住房或仅说明由户主根据实际情况二次装修时进行设计及布置，不符合《无障碍设计规范》GB 50763—2012第7.4.3条的要求。（图9-5） 图9-5　无障碍住房的设计定为二次装修设计或用户自理，不符合规定 14. 幼儿园建筑的主要出入口非无障碍出入口，不符合《无障碍设计规范》GB 50763—2012第8.3.2条第1款的要求。

续上表

序号	分类	设计常见问题
1	建筑专业	15. 老年人照料设施交通空间的主要位置两侧应设连续扶手，应符合《老年人照料设施建筑设计标准》JGJ 450—2018第6.1.4条的要求。（图9-6） 图9-6　老年人日间照料中心交通空间的主要位置双侧未设连续扶手，不符合规定 16. 老年人照料设施建筑中，无障碍设施的地面防滑等级及防滑安全程度应符合《老年人照料设施建筑设计标准》JGJ 450—2018表6.1.6-1和表6.1.6-2的规定。 17. 竖向总平面图中缺少无障碍设计的具体措施及做法说明。
2	电气专业	1. 具有内部使用空间的无障碍服务设施应设置易于识别和使用的救助呼叫装置，应符合《建筑与市政工程无障碍通用规范》GB 55019—2021中第3.1.4条的要求。

续上表

序号	分类	设计常见问题
2	电气专业	2. 无障碍服务设施内供使用者操控的照明开关和调控面板距地面高度应为 0.85 m～1.10 m，应符合《建筑与市政工程无障碍通用规范》GB 55019—2021 第3.1.6条的要求。 3. 无障碍卫生间应设救助呼叫装置，应符合《建筑与市政工程无障碍通用规范》GB 55019—2021 第3.2.3条的要求。

十、绿色建筑

序号	分类	设计常见问题
1	文件资料	1. 仅上传绿色建筑设计说明专篇，缺少绿色建筑自评估报告。 2. 缺少环境评估报告、土壤氡浓度检测报告、日照分析报告、室外热环境计算报告等证明材料。 3. 绿建自评报告中未注明实际提交的证明材料。
2	建筑专业	1. 建筑设计总说明、构造做法表与绿色建筑设计说明专篇、绿色建筑自评估报告或证明材料中的内容不相符。 2. 室内挥发性有机物浓度报告书中房间类型有误，或浓度限量引用规范标准有误，不符合《绿色建筑评价标准》GB/T 50378—2019第5.1.1条的要求。 3. 缺少主要功能房间的室内噪声级别和隔声性能分析报告，或报告中主要功能房间的隔声措施设置与设计图纸不相符，不符合《绿色建筑评价标准》GB/T 50378—2019第5.1.4条的要求。 4. 缺少围护结构热工性能计算及相关要点说明，不符合《绿色建筑评价标准》GB/T 50378—2019第5.1.7条的要求。 5. 卫生间、浴室的顶棚未设置防潮层，不符合《绿色建筑评价标准》GB/T 50378—2019第4.1.6条的要求。
3	给排水专业	1. 未明确便器自带存水弯，不符合《绿色建筑评价标准》GB/T 50378—2019第5.1.3条的要求。
4	暖通专业	1. 地下车库未设置与排风设备联动的一氧化碳浓度监测装置，不符合《绿色建筑评价标准》GB/T 50378—2019第5.1.9条的要求。 2. 未设置防止厨房、卫生间排气倒灌的措施，不符合《绿色建筑评价标准》GB/T 50378—2019第5.1.2条的要求。 3. 全空气空调系统回风口应设置能够全关调节的回风阀，应符合《广东省绿色建筑设计规范》DBJ/T 15-201—2020第7.2.3条的要求。
5	电气专业	1. 主要功能房间的照明功率密度值高于现行国家标准《建筑照明设计标准》GB 50034规定的现行值，不符合《绿色建筑评价标准》GB/T 50378—2019第7.1.4条的要求。

十一、建筑节能

序号	分类	设计常见问题
1	建筑专业	1. 节能计算书、节能专篇及门窗大样图等设计文件中居住建筑的主要使用房间（卧室、书房、起居室等）的房间窗地面积比小于1/7，不符合《建筑节能与可再生能源利用通用规范》GB 55015—2021第3.1.18条的要求。 2. 倒置式屋面的保温层施工厚度未按计算厚度增加25%取值，施工厚度需在设计文件中明确，应符合《倒置式屋面工程技术规程》JGJ 230—2010第5.2.5条的要求。 3. 夏热冬暖地区，居住建筑的东、西向的外窗的建筑遮阳系数大于0.8，不符合《建筑节能与可再生能源利用通用规范》GB 55015—2021第3.1.15条的要求。 4. 未提供建筑的房间通风开口面积表，或夏热冬暖地区居住建筑外窗的通风开口面积小于房间地面面积的10%或外窗面积的45%，不符合《建筑节能与可再生能源利用通用规范》GB 55015—2021第3.1.14条第1款的要求。（表11-1）

表11-1　居住建筑外窗的通风开口面积小于房间地面面积的10%

单位：m²

层数	房间名称	门窗编号	地面净面积	外窗和阳台门面积	净可开启扇面积	窗地比（1/5即20%）	可开启面积与地面之比（>5%）
3F	功能室2	MQ2/C9170	147.64	220.50	19.64	149.35%	13.30%
	活动室及寝室13	ZJC55'33/C4036/C1936a	133.63	29.85	11.38	22.34%	8.52%
	活动室及寝室14	C3736a/C3636a/C3236a	132.15	31.35	13.90	23.72%	10.52%
	活动室及寝室15	C3336a/C2336a/C3736a	132.15	27.45	9.83	20.77%	7.44%
	活动室及寝室16	C3136a/C2036a/C4836a	132.16	29.25	12.79	22.13%	9.686
	活动室及寝室17	C3336a/C2336a/C3736a	132.16	27.45	12.16	20.77%	9.20%
	活动室及寝室18	C3136a/C2336/C2436	130.75	27.51	9.69	21.04%	7.41%

续上表

序号	分类	设计常见问题
1	建筑专业	5. 办公建筑、酒店建筑、学校建筑、医疗建筑及公寓建筑的100 m以下部分，主要功能房间外窗有效通风换气面积小于该房间外窗面积的30%，不符合深圳市《公共建筑节能设计规范》SJG 44—2018第4.1.6条的要求。 6. 甲类公共建筑单一立面窗墙面积比小于0.4时，透光材料的可见光透射比不应小于0.6，并应符合《公共建筑节能设计标准》GB 50189—2015第3.2.4条的要求。 7. 挤塑聚苯板、玻化微珠等保温材料导热系数的修正系数不符合《民用建筑热工设计规范》GB 50176—2016及其他相关技术标准的要求。 8. 节能设计说明专篇及建筑设计总说明、构造做法表等相关内容与节能计算书材料构造不一致。 9. 2022年4月1日后取得建设工程规划许可证的项目，应按《建筑节能与可再生能源利用通用规范》GB 55015—2021的规定执行。
2	暖通专业	1. 风冷多联式空调（热泵）机组的全年性能系数APF应符合《建筑节能与可再生能源利用通用规范》GB 55015—2021第3.2.12条的要求。 2. 房间空调器的能效限值应符合《建筑节能与可再生能源利用通用规范》GB 55015—2021第3.2.14条的要求。 3. 设计应明确选型风机的效率不应低于现行国家标准《通风机能效限定值及能效等级》GB 19761规定的通风机能效等级的2级，应符合《建筑节能与可再生能源利用通用规范》GB 55015—2021第3.2.16条的要求。 4. 居住建筑中分散式房间空调器的能效等级应符合深圳市《居住建筑节能设计规范》SJG 45—2018第7.1.5条的要求。 5. 节能计算书与空调负荷计算书中的围护结构参数不一致。

续上表

序号	分类	设计常见问题
2	暖通专业	6. 风量大于10000 m³/h的空调风系统和通风系统应提供风道系统单位风量耗功率（W_s）的数值，且其W_s值应符合《公共建筑节能设计标准》GB 50189—2015第4.3.22条的要求。 7. 住宅空调室外机与居室的可开启外窗正对且距离较近，对相邻住户产生热污染和噪声污染，不符合《夏热冬暖地区居住建筑节能设计标准》JGJ 75—2012第6.0.9条的要求。（图11-1） 图11-1 空调室外机与相邻住户居室外窗正对且距离过近
3	电气专业	1. 主要功能房间的照明功率密度值高于现行国家标准《建筑照明设计标准》GB 50034规定的现行值，不符合《公共建筑节能设计标准》GB 50189—2015第6.3.1条的要求。

十二、海绵城市

序号	分类	设计常见问题
1	海绵城市	1. 未落实"先绿后灰"理念，大面积的硬质铺装、绿地未有效利用，主要依靠蓄水池满足年径流总量控制率目标要求，不符合《深圳市房屋建筑工程海绵设施设计规程》SJG 38—2017的要求。（表12-1） 表12-1　未按照"先绿后灰"理念进行海绵城市设计 2. 下沉绿地设置在地势较高位置，无法收集地面雨水，或下沉绿地对应汇水面积与其蓄水容积不匹配，无法达到其理论有效蓄水容积，不符合《深圳市房屋建筑工程海绵设施设计规程》SJG 38—2017的要求。（图12-1） 图12-1　下沉绿地对应汇水面积与其蓄水容积不匹配 3. 地下室雨水蓄水池无回用措施，仅为调控排放，未减少排放径流总量，不应作为年径流总量计算有效控制容积，不符合《深圳市房屋建筑工程海绵设施设计规程》SJG 38—2017的要求。

表12-1　未按照"先绿后灰"理念进行海绵城市设计

项目		数值
屋顶	硬化屋面/m²	5071.86
	绿色屋面/m²	3116.01
道路	硬质铺装/m²	4070.60
	透水铺装/m²	0
绿地	绿地/m²	1906.79
	雨水花园/m²	40.00
水体/m³		391.05
总汇水面积/m²		14556.31
雨水花园控制容积/m³		8.00
雨水回用池容积/m³		345.00
总控制容积/m³		353.00

图12-1　下沉绿地对应汇水面积与其蓄水容积不匹配

附录 引用标准名录

1. 《工程结构通用规范》GB 55001—2021
2. 《建筑与市政工程抗震通用规范》GB 55002—2021
3. 《建筑与市政地基基础通用规范》GB 55003—2021
4. 《混凝土结构通用规范》GB 55008—2021
5. 《建筑节能与可再生能源利用通用规范》GB 55015—2021
6. 《建筑环境通用规范》GB 55016—2021
7. 《建筑与市政工程无障碍通用规范》GB 55019—2021
8. 《建筑给水排水与节水通用规范》GB 55020—2021
9. 《建筑电气与智能化通用规范》GB 55024—2022
10. 《宿舍、旅馆建筑项目规范》GB 55025—2022
11. 《燃气工程项目规范》GB 55009—2021
12. 《住宅设计规范》GB 50096—2011
13. 《中小学校设计规范》GB 50099—2011
14. 《无障碍设计规范》GB 50763—2012
15. 《民用建筑设计统一标准》GB 50352—2019
16. 《人民防空地下室设计规范》GB 50038—2005
17. 《地下工程防水技术规范》GB 50108—2008
18. 《民用建筑热工设计规范》GB 50176—2016
19. 《公共建筑节能设计标准》GB 50189—2015
20. 《建筑地基基础设计规范》GB 50007—2011
21. 《混凝土结构设计规范》GB 50010—2010（2015年版）
22. 《建筑抗震设计规范》GB 50011—2010（2016年版）
23. 《建筑给水排水设计标准》GB 50015—2019
24. 《建筑与小区雨水控制及利用工程技术规范》GB 50400—2016
25. 《民用建筑供暖通风与空气调节设计规范》GB 50736—2012
26. 《气体灭火系统设计规范》GB 50370—2005
27. 《城镇燃气设计规范》GB 50028—2006 (2020年版)
28. 《低压配电设计规范》GB 50054—2011
29. 《通用用电设备配电设计规范》GB 50055—2011

30.《20kV及以下变电所设计规范》GB 50053—2013

31.《建筑照明设计标准》GB 50034—2013

32.《建筑物防雷设计规范》GB 50057—2010

33.《智能建筑设计标准》GB 50314—2015

34.《民用建筑电气设计标准》GB 51348—2019

35.《绿色建筑评价标准》GB/T 50378—2019

36.《铝合金门窗》GB/T 8478—2020

37.《电梯制造与安装安全规范 第1部分：乘客电梯和载货电梯》GB/T 7588.1—2020

38.《高层建筑混凝土结构技术规程》JGJ 3—2010

39.《建筑桩基技术规范》JGJ 94—2008

40.《宿舍建筑设计规范》JGJ 36—2016

41.《托儿所、幼儿园建筑设计规范》JGJ 39—2016（2019年版）

42.《夏热冬暖地区居住建筑节能设计标准》JGJ 75—2012

43.《车库建筑设计规范》JGJ 100—2015

44.《玻璃幕墙工程技术规范》JGJ 102—2003

45.《建筑玻璃应用技术规程》JGJ 113—2015

46.《种植屋面工程技术规程》JGJ 155—2013

47.《倒置式屋面工程技术规程》JGJ 230—2010

48.《住宅室内防水工程技术规范》JGJ 298—2013

49.《老年人照料设施建筑设计标准》JGJ 450—2018

50.《办公建筑设计标准》JGJ/T 67—2019

51.《建筑地面工程防滑技术规程》JGJ/T 331—2014

52.《建筑防护栏杆技术标准》JGJ/T 470—2019

53.《饮食业环境保护技术规范》HJ 554—2010

54.《广东省绿色建筑设计规范》DBJ/T 15-201—2020

55.广东省《建筑结构荷载规范》DBJ/T 15-101—2022

56.《深圳市建设工程防水技术标准》SJG 19—2019

57.《二次供水设施技术规程》SJG 79—2020

58.《深圳市房屋建筑工程海绵设施设计规程》SJG 38—2017

59.深圳市《公共建筑节能设计规范》SJG 44—2018

60.深圳市《居住建筑节能设计规范》SJG 45—2018

61.深圳市《饮食业油烟排放控制规范》SZDB/Z 254—2017

62.《深圳市建筑配建公交首末站设计导则（2020年修订版）》

63.《建设工程质量管理条例》中华人民共和国国务院令第714号

64.《关于进一步加强玻璃幕墙安全防护工作的通知》(建标〔2015〕38号）

65.《建筑工程设计文件编制深度的规定（2016年版）》(建质函〔2016〕247号）

66.《广东省住房和城乡建设厅关于明确预拌砂浆设计标注有关问题的通知》(粤建散函〔2015〕453号）

67.《深圳市生活垃圾分类管理条例》(深圳市第六届人民代表大会常务委员会公告第一九九号）

68.《深圳市预拌混凝土和预拌砂浆管理规定》(深圳市人民政府令〔第326号〕修正）